AF648729

Hubert Zeiler / Paul Herberstein

Rotwild

Ansprechfibel

Österreichischer Jagd- und Fischerei-Verlag

2. überarbeitete Auflage

© 2012 by Österreichischer Jagd- und Fischerei-Verlag,
Wickenburggasse 3, 1080 Wien

Fachlicher Inhalt: Dr. Hubert Zeiler
Konzeption und Lektorat: Paul Herberstein

Titelbild: Martin Merker
Fotos: Helmut Fladenhofer (4; Seiten 80 unten bis Seite 83),
Richard F. Flasch (1; Seite 95 oben), Martin Merker (2; Seiten 66, 68 o.),
Martin Prumetz (23; Seiten 84 bis 93), Hubert Zeiler (1; Seite 70 u.),
Markus Zeiler (3; Seiten 69, 95 u.), Archiv Österreichischer Jagd- und
Fischerei-Verlag (7; Seite 94), alle anderen Fotos (22): Markus P. Stähli

Zeichnungen: Hubert Zeiler

Verlagsassistenz und Sekretariat: Angela Pleyel

Repro: Blaupapier, Wien

Gesamtherstellung: Buch Theiss GmbH, St. Stefan im Lavanttal

ISBN 978-3-85208-106-9

Vorwort

Der röhrende Hirsch – ein Bild, das wie kein anderes für eine ganze Wildart steht und jedem Jäger unter die Haut geht. Doch so beeindruckend der Brunfthirsch auch sein mag, er ist nur eine Momentaufnahme, mehr nicht. Er verkürzt die Sicht auf den reifen Hirsch und wenige Wochen im Jahr. Wer Rotwild aber durch das ganze Jahr begleitet, dessen Blick weitet sich: auf die Wintermonate genauso wie auf die Kolben- und Feistzeit. Auf das frisch gesetzte Wildkalb genauso wie auf den unerfahrenen Spießer oder das misstrauische Alttier.

Die Rotwild-Ansprechfibel soll dazu beitragen, den Blick auf das Rotwild zu weiten und gleichzeitig auch zu schärfen. Mit einfachen Grundregeln und Ansprech-Merkmalen, die einem im Rotwild-Revier wirklich weiterhelfen. Bewährte, zum Teil über Jahrhunderte gesammelte Erfahrungen ergänzen sich dabei mit wildbiologischem Wissen aus jüngerer Zeit. Alles Wissen führt aber immer wieder eines klar vor Augen: Hundertprozentige Sicherheit wird es beim Ansprechen niemals geben. Dazu unterscheidet sich jeder Lebensraum zu stark vom nächsten und trägt jedes einzelne Wildtier zu viele ureigene Anlagen in sich. Als Jäger können wir dennoch den Geheimnissen des Rotwildes auf die Spur kommen: wenn wir uns mit offenen Augen, mit weitem Blick und vor allem mit leidenschaftlichem Herz diesem besonderen Wild nähern.

Österreichischer Jagd- und Fischerei-Verlag

Inhalt

Die Altersangaben in den folgenden Kapiteln gehen von einem Bestand aus, in dem Hirsche bis zu 18 Jahre und Rottiere auch einmal älter als 20 Jahre werden können. Meist ist dies nur in klimatisch begünstigten Gebieten und mit einer ausgewogenen Altersstruktur der Fall. Die Geweihentwicklung beim Rothirsch erreicht in solchen Beständen durchschnittlich mit 12 Jahren ihren Höhepunkt.

Im Hochgebirge, wo der lange Winter und die raue Witterung dem Rotwild härter zusetzen, verringert sich bisweilen die Lebenserwartung. Die Ausführungen dieser Fibel über Alter, Entwicklung und Erscheinungsbild müssen daher vom Leser den jeweiligen Lebensbedingungen des Rotwildes angepasst werden.

Auch Fütterung wirkt sich nachhaltig auf das Rotwild aus – und zwar gleichgültig, ob im Flachland oder im Hochgebirge. Intensiv gefüttertes Rotwild entwickelt sich oftmals körperlich schneller und wirkt daher auch reifer, als es tatsächlich ist.

1. Kleine Ansprechkunde

Geschichte

Das Ansprechen ist so alt wie die Jagd selbst – obwohl man in grauer Vorzeit sicher nicht zwischen 9- und 10-jährigem Hirsch unterschied. Für unsere frühen Vorfahren war es aber zweifellos eine Überlebensfrage, soviel wie möglich über das Wild in Erfahrung zu bringen, dem man nachstellte. Man war für alles dankbar, was man aus Fährten, Birschzeichen oder vom Wildtier selbst lesen konnte: Wie gefährlich und wehrhaft wird es sein? Lockt viel oder wenig Fleisch? Und wie kräfteraubend wird die Verfolgung sein? Es war unverzichtbar, kundige Fährtenleser und erfahrene Jäger in den eigenen Reihen zu wissen. Daran hat sich bis heute in jenen Gebieten nichts geändert, wo die Jagd nach wie vor das Überleben ganzer Stämme sichert – etwa in Schwarzafrika, Australien oder Indonesien. Bis auf den heutigen Tag genießen dort erfahrene Jäger ein hohes Ansehen.

Mit den Jahrhunderten – und hier gerade in Europa – wandelte sich aber die Bedeutung der Jagd. Vor allem mit dem Aufkommen der Höfischen Jagd war die Jagd nicht mehr nur unverzichtbare Lebensgrundlage und Fleischbeschaffung. Die Jagd diente zunehmend auch Repräsentationszwecken und – in heutiger Sprache – auch als Freizeitbeschäftigung. Und wie hielt man es damals mit dem Ansprechen? Das Ansprechen entwickelte sich immer mehr in Richtung Wissenschaft oder gar Kunst. Nicht selten vermengte sich dabei praxiserprobtes Wissen mit recht fragwürdigen Theorien und Regeln. Diese entsprangen oft sehr persönlichen Deutungen und Erklärungen, die nie ernsthaft hinterfragt worden waren.

Das Ansprechen des Rothirsches wurde später im Barock zu einem zentralen Thema. Man unterschied dabei klar in jagdbare Hirsche und Küchenstücke oder Stuckwild. Der jagdbare Hirsch sollte damals wenigstens zehn Enden haben, aber vor allem „eine gute Jagd“ versprechen. Allgemein war das Gewicht von weit größerer Bedeutung als das Geweih. Bei eingestellten Jagden – also Jagden, in denen das Wild eingelappt und vor die Schützen getrieben wurde – gab es kein Ansprechen, da zählte nur die Zahl der geschossenen Stücke. Der Jäger der Barockzeit konnte aber in der Regel Rotwild gut nach Geschlecht oder Alter ansprechen. Davon zeugen auch jede Menge überlieferter „hirschgerechter“ Zeichen. Außerdem: Zu all dem gesammelten Wissen kam noch eine wesentliche gesellschaftliche Bedeutung hinzu. Als hirschgerechter Jäger war man Teil der Grünen Gilde und damit sozial geachtet und anerkannt. Man war damals selbstbewusst bemüht, sich durch umfangreiches Wissen und durch eine eigenständige Sprache von Mitläufern abzugrenzen und kannte unter den Jägern eine strenge Hierarchie. Sie reichte vom einfachen Hundebuben bis zum sogenannten Meisterjäger. Kein Wunder, dass damals auch eine Vielzahl an jagdlichen Ausdrücken verwendet wurde, die heute zum Teil längst in Vergessenheit geraten sind. So beschreibt Martin Strasser von Kollnitz, seines Zeichens fürsterzbischöflicher Jägermeister in Salzburg, in seinen Schriften um 1630 zahlreiche hirschgerechte Zeichen wie etwa die Fährtenzeichen „Mittelpichl“ und „Zirkelspur“ oder das „Krachen der Glieder“ beim Ziehen – Ansprechmerkmale, die wohl nur mehr den wenigsten Jägern vertraut sind. Vieles davon ist aber auch aus gutem Grund in Vergessenheit geraten, da die Aussagekraft sehr zweifelhaft war und viele Regeln oftmals nur aufgrund besonders autoritärer oder eitler Jägermeister von Generation zu Generation weitergetragen wurden.

Die Revolution von 1848 hinterließ auch in der Jagd massive Spuren. Jagd war nicht mehr länger Privileg des Adels, sondern auch anderen Gesellschaftskreisen zugänglich. Die Folge: Rotwild wurde in vielen Gebieten so gut wie ausgerottet, mit dem Ansprechen hatte man damals ohnehin nicht viel am Hut.

Zu einer – wenn auch recht fragwürdigen – Blüte kam das Ansprechen dann wieder im Dritten Reich. Der Rassenwahn führte dazu, dass man auch beim Rotwild nach „Artverderbern“ suchte, die es auszumerzen galt. Man verlangte daher nicht nur genaues Ansprechen, man versuchte auch durch gezielte Fütterung und Einkreuzung vermeintliche Schwächen der Natur auszubügeln und minderwertiges Erbgut zu vernichten: Der Reichjägermeister Hermann Göring träumte offen davon, den stärksten Rothirsch Europas auf deutschem Boden zu erlegen.

Aus unserer jüngeren Ansprech-Geschichte sei vielleicht noch der Rote Punkt erwähnt. Dieser war vor allem erzieherisch gedacht und sollte auf die Jäger Druck ausüben, gewissenhaft anzusprechen und die Abschuss-Vorgaben einzuhalten, die sich sehr stark an Geweihmerkmalen festmachten.

Heute achtet man stärker auf den natürlichen Altersaufbau eines Bestandes, man versucht „strukturgerecht“ zu jagen – auch wenn das nicht immer und überall gelingt. Die Einteilung nach „Güteklassen“ in a und b bei den Hirschen ist fast überall gefallen. Bei den Altersklassen unterscheidet man bei weiblichem Rotwild neben den Kälbern noch einjährige Stücke und ältere. Bei den Hirschen gelten heutzutage nach dem ersten Lebensjahr meist folgende Altersklassen: junge – wobei hier noch in Schmalspießer und ältere unterschieden wird – sowie mittelalte und reife Hirsche. Geweihmerkmale spielen mittlerweile, zu Recht, eine untergeordnete Rolle, angesprochen wird mehr nach Erscheinungsbild und Verhalten.

Vielfalt statt Güteklassen

Neben dem oftmals sehr vordergründigen Wunsch nach starken Hirschen schwirren in den Köpfen einiger Jäger nach wie vor Begriffe wie „Artverderber“ oder „Aufartung“ herum. Bei Dreiecksgeweihen und kronenlosen Hirschen sitzt der Schießfinger nach wie vor recht locker. Dabei steht eines fest: Den Artverderber gibt es nicht. Und schon gar nicht ist der Versuch sinnvoll, über die Jagd in Erbanlagen einzugreifen – ganz gleich, ob bei Rotwild, Gams oder Reh. Jede Wildart benötigt möglichst die gesamte Vielfalt an Erbgut, um langfristig zu überleben und sich Veränderungen anzupassen. Geweih oder Krucke bieten keine ausreichende Grundlage, um auf die Lebenstüchtigkeit eines Stückes zu schließen.

Für das Wohlergehen eines Rotwildbestandes ist zunächst dessen Sozialstruktur entscheidend. Dabei geht es um den ausgewogenen Aufbau nach Altersgruppen mit einem breiten Sockel in der Jugendklasse, aber auch um genügend Hirsche und Tiere mit einem reifen bis hohen Alter. Eine solch ausgewogene Bestandespyramide kann nur großflächig und damit auch revierübergreifend aufgebaut und erhalten werden.

Für die Jagd heißt das: Reifes Rotwild sollte sicher angesprochen werden können, und gleichzeitig wird man jagdlich gerade in der Jugendklasse frühzeitig und stark eingreifen. Dort ist die Bestandespyramide am breitesten. Auch die Natur, gleichgültig ob reißender Wolf oder strenger Winter, greift bei den Kälbern und Einjährigen am stärksten ein. Und für den Jäger hat diese Altersklasse zudem den Vorteil, dass sie auch noch leicht anzusprechen ist.

Geschlechterverhältnis

Auch wenn das Hauptaugenmerk der Jagd meist auf den Hirschen liegt, darf man keinesfalls auf die Bejagung des Kahlwildes vergessen. Ein zugunsten des weiblichen Wildes verschobenes Geschlechterverhältnis wirkt sich nämlich dramatisch auf den gesamten Bestand aus. Wie ist das zu begründen?

Gibt es einen Überhang an Tieren und zu wenig reife Hirsche, dann dauert die Brunft länger als üblich. Es fehlt der alles beherrschende Platzhirsch, der für den Verlauf der Brunft so wichtig ist. Er allein hält das Brunftrudel zusammen und weist Nebenbuhler in die Schranken. Und ein Platzhirsch, der stets auf Tuchfühlung mit dem Kahlwild ist, wird auch sofort wahrnehmen, wann der Eisprung bei einem Tier bevorsteht, um es bei erster Gelegenheit zu beschlagen. Das alles garantiert eine möglichst kurze Brunft und damit auch eine hohe Überlebensrate der Hirsche, die noch mit ausreichend Reserven in den Winter gehen. Fehlt der echte Platzhirsch, zieht sich das Brunfttreiben in die Länge und die Tiere kommen ein zweites oder gar drittes Mal in den Östrus. Eine kräfteraubende, bereits winternahe Nachbrunft ist die Folge. Zudem wird mehr gekämpft, und selbst sehr junge Hirsche kommen beim Beschlag zum Zug.

Wenn aber die Brunft länger dauert, werden auch die Kälber später gesetzt. Spät gesetzte Kälber haben weniger Zeit zum Wachsen, sie bleiben also schwächer. Aus schwachen Kälbern werden schwache Schmaltiere. Schwache Schmaltiere werden, falls überhaupt, später brunftig und ziehen damit wieder die Brunft in die Länge, was wieder auf Kosten der Hirsche geht. Wenn sich Hirsche durch eine lange anstrengende Brunft zu sehr verausgaben, gehen sie geschwächt in den Winter. Und – der Teufelskreis schließt sich – ein erhöhter Ausfall bei Hirschen im Winter verschiebt wiederum das Geschlechterverhältnis.

Heute gehen in Mitteleuropa fast alle Schmaltiere in die Brunft. Voraussetzung dafür ist das Erreichen eines bestimmten Schwellengewichtes. Das war in früheren, großteils noch weniger „gefütterten Zeiten" anders. Junge Rottiere wurden oft übergangen und führten ihr erstes Kalb vergleichsweise spät. In den kargen Hochländern Schottlands etwa – wo nicht gefüttert wird – gehen Tiere auch heute noch erst mit zwei, oft erst mit drei Jahren in die Brunft.

Sozialklassen

Kälber, Halbstarke, Mittelklasse, reifes Rotwild und Senioren: Eine Unterscheidung in diese Klassen ist sinnvoll, will man – über die gängigen Ier-, IIer- und IIIer-Kategorien hinaus – das so wichtige Sozialgefüge in Rotwildbeständen beschreiben und verstehen. Wir wollen diese Sozialklassen daher hier näher beleuchten.

Kälber

In unserer jagdlichen Praxis zählt man zu den Kälbern alles Jungwild bis zum Frühjahr des nächsten Jahres. Das macht auch Sinn, weil ein Tier nach einem Jahr in der Regel wieder ein Kalb setzt und diesem in der Folge seine Aufmerksamkeit und Fürsorge widmet. Bei Schmaltier und Schmalspießer löst sich die enge Verbindung zur Mutter vorübergehend auf, nach zwei, drei Wochen ziehen Schmaltier und Muttertier aber zumindest ein halbes Jahr wieder zusammen. Auch Spießer können nach der Setzzeit und den ersten Wochen danach ein paar Monate ihrer Mutter folgen, bevor sie sich weitgehend selbständig machen.

Halbstarke oder Flegel

Zu dieser Gruppe zählt 1- bis 4-jähriges Rotwild beiderlei Geschlechts. Die Halbstarken sind von den Kälbern gut zu unterscheiden und bilden einen breiten Unterbau im Bestand. Für einen ausgewogenen Bestand ist es wesentlich, diese zahlenmäßig sehr starke Altersgruppe nachdrücklich zu bejagen. Die körperliche Entwicklung der einzelnen Stücke kann je nach Umwelt und Rahmenbedingungen sehr verschieden sein. Wo gefüttert wird, werden fast alle Tiere schon als Schmaltier beschlagen. Solche Tiere erreichen aber meist erst im Alter von 4 bis 6 Jahren ihr volles Körpergewicht, auch sind sie erst in diesem Alter ausreichend erfahren, um ihre Kälber wirklich gut zu führen.

Wo nicht gefüttert wird, gehen weibliche Stücke erst mit 2 oder überhaupt erst mit 3 Jahren zum ersten Mal in die Brunft. Ein Tier, das mit 3 Jahren beschlagen wird, setzt also erst mit 4 Jahren sein erstes Kalb!

Junge Hirsche dieser Altersklasse der Halbstarken können ausnahmsweise auch an der Brunft teilnehmen, sind aber noch nicht voll ausgewachsen und auch hinsichtlich Verhalten und Hodenaktivität nicht ausgereift.

Mittelklasse

Mit rund 5 Jahren sind Hirsche ausgewachsen, sie haben aber in sozial gut strukturierten Rotwildbeständen zunächst kaum die Möglichkeit, sich erfolgreich fortzupflanzen. Zwar kommt es durchaus vor, dass junge Hirsche während der Brunft das eine oder andere Tier beschlagen, aber als Platzhirsche können sie sich in der Regel erst nach dem 7. oder 8. Jahr behaupten – eine Tatsache, die eigentlich dafür spricht, dass ein Hirsch nicht mit 5 sondern erst mit 7 Jahren wirklich voll ausgewachsen ist. Wirklich reif ist er aber auch in diesem Alter noch nicht, und auch die Geweihentwicklung ist noch nicht abgeschlossen. Ab dem 8. Jahr ist das Ansprechen meist nicht einfach, Hirsche in diesem Alter sind daher stark abschussgefährdet.

Reifes Rotwild

Wenn wir im Alter zwischen 5 und 9 Jahren von der Mittelklasse sprechen, so ist ein Hirsch ab 10 Jahren wirklich reif. Untersuchungen auf der schottischen Hebrideninsel Rum ergaben, dass der Paarungserfolg bei Hirschen zwischen dem 8. und 11. Lebensjahr am größten ist, mit Spitzenwerten im 10. Jahr. In gut strukturierten Beständen mit hoher Lebensraumqualität erreichen Erfahrung, Reife und Fortpflanzungskraft etwa im 10. Lebensjahr des Hirsches ihren Höhepunkt. In solchen Gebieten wird der Hirsch erst mit 10 Jahren zum Platzhirsch mit Brunftrudel und kann sich bis etwa zum 12. Jahr behaupten. Ab dem 13. Jahr zählt er dann zu den Senioren.

Senioren

So schwierig das Ansprechen in der Mittelklasse oft ist, so leicht fällt es meist bei den Senioren. Selbst Ungeübte werden vom 12. Kopf aufwärts deutliche Altersmerkmale erkennen können. Hirsche setzen, je nach Lebensbedingungen und Veranlagung, in diesem Alter zurück, die Geweihe werden in der Regel endenärmer und kürzer. Häufig gibt es mit 13 oder 14 Jahren allerdings noch den sogenannten Altersschub. Die Geweihmasse nimmt wieder zu, wenn der Hirsch kein Rudel mehr hält. Ist der Hirsch nicht mehr Platzhirsch, kann er seine Reserven in den Geweihaufbau stecken. Oft wird ein Hirsch erst dann wirklich kapital.

Das Seniorenalter erreichen Hirsche meist ab dem 13. Jahr, ab 16 Jahren sind sie als senil zu bezeichnen. Hirsche können zwar bis zu 18 Jahre alt werden, in der Regel sind aber 15 bis 16 Jahre beim Hirsch die Obergrenze.

Weibliche Stücke, die älter als 10 oder 12 Jahre sind, haben zwar viel Erfahrung gesammelt und sind daher gute Leittiere, ihre Lebenskraft lässt nun aber bedeutend nach. Sie führen meist nur mehr schwache Kälber. Tiere werden etwas älter als Hirsche, bis knapp über 20 Jahre sind möglich.

Ausgewogener Bestand

Ein gutes Revier erleichtert das Ansprechen: Ein und derselbe Hirsch kommt etwa über mehrere Jahre zum Brunftplatz, man kann ihn über einen langen Zeitraum beobachten und dadurch sein Alter besser einschätzen. Hier tritt der Unterschied zu dünn besiedelten Rotwildgebieten mit oft schlechter Bestandesstruktur deutlich zu Tage. In solchen Gebieten sieht man einen Hirsch oft nur einmal und dann nie mehr wieder. Nimmt in einem Revier die Dichte zu, wird in der Regel – und stark von der Bejagung abhängig – der Anteil der Hirsche im Vergleich zu weiblichem Rotwild geringer.

Obwohl beim Auftreten von Wildschäden der Altersstruktur und dem Geschlechterverhältnis nicht viel Bedeutung zugemessen wird, sind diese oft Folge von einem schlecht strukturierten Bestand mit einem Überhang an weiblichem Wild und wenigen reifen Hirschen. Der Grund ist klar: Wo mehr weibliches Wild vorkommt, wächst der Bestand, und daher nimmt die Dichte zu – und dadurch wird der Lebensraum stärker belastet.

Jagddruck – ein schlechter Begleiter

Rotwild nutzt zuallererst die sicheren Bereiche. Die Wildart ist in der Lage, eine Landschaft rasch nach Gefahrenquellen zu erfassen, und sie stellt sich dementsprechend darauf ein. Rotwild unterscheidet seinen Lebensraum also nicht nur in Äsung und Deckung, sondern berücksichtigt auch das Risiko, von Feinden erbeutet zu werden. Ein erfahrenes Stück Rotwild hat daher immer einen genauen Gefahrenzonenplan im Kopf. Und nur, wenn es sich auch nach diesem hält, wird es langfristig überleben.

Rotwild kennt vor allem zwei Feinde: Wolf und Mensch. Mit einem wesentlichen Unterschied: Wölfe sind nur bei einem Fünftel ihrer Angriffe erfolgreich. Und sie kommen – zumindest in unseren Breiten – weit seltener vor. Wenn der Wolf jagt, kommt es zur unmittelbaren Begegnung zwischen Räuber und Beute. Mit anderen Worten: Wölfe werden erst gefährlich, wenn sie wirklich nahe an der Beute sind. Im Gegensatz dazu ist der Mensch mit seiner Technik imstande, Wildtiere aus immer größerer Entfernung zu erbeuten. Außerdem bevorzugen Wölfe nur bestimmte günstige Jagdgebiete, wir Menschen jagen hingegen vermehrt in kleinräumigen Reviersystemen und damit fast flächendeckend. Der Jagddruck verschärft sich in unserem Fall dramatisch. Als Folge können auch die Wildschäden zunehmen. Amerikanische Wildbiologen haben eindeutig belegt, dass sich das Wild vermehrt im Wald aufhält, wenn der Jagddruck steigt: Wo viele Jäger in einem Gebiet unterwegs waren, zogen sich deutlich mehr Wapiti in den Wald zurück.

Wenn Rotwild räumlich nicht mehr ausweichen kann, weicht es zeitlich aus und ist überwiegend in der Nacht auf den Läufen. Wichtig für das Ansprechen ist aber vertrautes Wild, das sich am Tage zeigt: Nur wenn die Lichtverhältnisse gut sind, kann man genau ansprechen, nur so lernt man und wächst die Erfahrung. In jenen Revieren, in denen immer mehr Technik mit Weitschussbüchsen oder Nachtsichtgeräten zum Einsatz kommt, leidet neben dem Wild und dem Ansprechen vor allem auch eines: das jagdliche Erlebnis. Fazit: Gerade beim Rotwild sollte der Jagddruck zeitlich wie räumlich so gering wie möglich sein!

2. Grundsätzliches zum Rotwild

Jahreszeiten

Rotwild verändert sein Aussehen je nach Jahreszeit beträchtlich. Ein und derselbe Hirsch mit schlankem Träger und dickem Grasbauch in der Feiste vermittelt einen völlig anderen Eindruck als später in der Brunft, wenn er keilförmig und muskelbepackt vor einem steht.

Die Feistzeit dauert vom Verknöchern und Verfegen des Geweihes bis zum Beginn der Brunft. Manch Einjähriger trägt selbst in der Brunft noch eingetrockneten Bast auf seinen Spießen. Alte Hirsche verfegen ihr Geweih etwa Ende Juli/ Anfang August, jüngere im Laufe des August.

In guten Rotwild-Kerngebieten bilden sich Feisthirschrudel, die sogar aus hundert und mehr Hirschen bestehen können. Alte Hirsche hingegen leben in der Feistzeit gern einzelgängerisch und heimlich. Häufig haben sie aber auch einen Beihirsch bei sich.

Bei erwachsenen Hirschen schießt das männliche Sexualhormon Testosteron ab etwa Mitte August verstärkt ein. In dieser Zeit beginnt sich auch das Aussehen der Hirsche markant zu verändern. Steht am Anfang der Feistzeit noch der Kolbenhirsch mit Grasbauch und schlankem Träger da, so nimmt nun die Trägermuskulatur deutlich zu. Sie wird bis zur Brunft bei erwachsenen Hirschen um bis zu 60 Prozent stärker als im Frühsommer. Der höhere Hormonspiegel führt immer wieder zu kleineren Auseinandersetzungen, und die älteren Hirsche lösen sich als erste aus den Feisthirschverbänden, um ihrer eigenen Wege zu gehen.

Zu Beginn der Brunft schwillt also der Träger an, der Hirsch ist noch in bester Verfassung, und der Körper verläuft vom Vorschlag bis zu den Keulen etwa gleich stark. Durch die gewaltigen körperlichen Anstrengungen während der Brunft, in der der erwachsene Hirsch kaum Äsung zu sich nimmt, aber ständig auf den Läufen ist, verliert dieser bis zu 30 Prozent seines Körpergewichts. Der Körper wirkt in der Folge nach hinten zugespitzt.

Im Winter nimmt die Körpermasse wieder von den Keulen her zu, der Träger wirkt schmäler als in der Brunft.

Wiedererkennung im Jahreslauf

Wie erkennt man ein und dasselbe Stück wieder – im Idealfall auch über Jahre? Vorweg: Je mehr man im Revier unterwegs ist und je öfter man Rotwild in Anblick bekommt, umso leichter wird es. Der Blick wird durch Erfahrung schärfer, und selbst kleine Besonderheiten und Merkmale prägen sich ein. Ein gutes Beispiel dafür stellt der legendäre Rehforscher Herzog Albrecht von Bayern dar. Durch seine langjährigen Beobachtungen war es ihm sogar möglich, einzelne Rehe an den Rändern ihres Nasenschwammes oder an dem schwarz gefärbten Bereich bei Windfang und Äser über Jahre eindeutig wiederzuerkennen.

Beim Rotwild wird im Normalfall der ausgewachsene Hirsch anhand der einmal eingeprägten charakteristischen Form seines Geweihes – nicht aber an der Zahl der Enden – von Jahr zu Jahr erkennbar bleiben. Wertvolle Hilfe bieten zudem noch das Verhalten oder Eigenheiten eines Hirsches, um diesen einwandfrei von anderen unterscheiden zu können.

Beim Kahlwild wird es da schon schwieriger – außer das weibliche Stück hat ein unverwechselbares Merkmal, wie etwa einen gespaltenen Lauscher oder eine markante Deckenfärbung. Es lohnt sich aber, gerade solche Stücke stehenzulassen, da man sie über Jahre einwandfrei und schnell ansprechen kann und so viel über deren Entwicklung und Vorlieben lernt.

Eine Grundvoraussetzung bleibt immer: Man muss im Revier mit den Örtlichkeiten vertraut sein. Wo verlaufen die über Generationen bekannten Wechsel? Wo sind die beliebtesten Einstände? Und welche Äsung wird wann von welchem Wildtier bevorzugt? Wer über Jahre sein Revier kennt, der wird schnell herausfinden, dass sich die älteren Hirsche wohl immer die ruhigen, unzugänglichen und vor allem in der Feistzeit auch kühlen Ecken des Reviers aussuchen werden, und für die jüngeren Hirsche lediglich die zweitrangigen Gebiete übrig bleiben. Es sind dies Gebiete mit mehr Beunruhigung, weniger Deckung oder vielleicht sogar schlechterer Äsung.

Vieles hängt auch von der Beobachtungsgabe und dem Gedächtnis des Jägers ab. Wer imstande ist, sich Details der Decke oder des Geweihes einzuprägen oder Hirsche an deren Stimmen zu unterscheiden, ist natürlich im Vorteil. Jäger, die darin weniger geübt sind, greifen gern und ungeniert auf Fotos, Zeichnungen oder schriftliche Beschreibungen zurück.

Bestandesumtrieb

Für eine brauchbare Altersschätzung sollte man über den sogenannten Bestandesumtrieb Bescheid wissen. Damit ist jenes Alter gemeint, das Wildtiere innerhalb einer Population erreichen. Es gibt Rotwild-Vorkommen, in denen der Hirsch schon mit 8 bis 10 Jahren auf dem Höhepunkt seiner Entwicklung steht. Solche Bestände hat man etwa auf der schottischen Insel Rum. In anderen Gebieten schieben Hirsche erst im Alter von 13 bis 15 Jahren ihr stärkstes Geweih. Welchen Einfluss dabei die Winterfütterung spielt, macht eine Untersuchung aus der Rominter Heide klar – ein über Jahrhunderte legendäres Rotwildgebiet, das heute in der polnisch-russischen Grenzregion liegt: Früher trugen dort Hirsche ihr stärkstes Geweih erst mit dem 12. Kopf, nach Einsetzen der Fütterung wesentlich früher.

Intensiv gefüttertes Rotwild mit besonders starken Hirschen macht eine Altersansprache für einen Außenstehenden beinahe unmöglich, weil dort gut entwickelte Hirsche schon sehr früh starke Geweihe aufhaben. Sie tragen oft mit 5 oder 6 Jahren stärkere Geweihe, als andere je schieben werden, und weisen sowohl Geweihe wie auch Körpermerkmale alter Hirsche auf. Selbst erfahrene Jäger haben beim Ansprechen solcher Hirsche ihre liebe Not.

Vorlieben von Jung und Alt

Der Klassiker vorweg: der alte Hirsch mit 10 Jahren oder mehr. In der Feistzeit bevorzugt er kühle schattige Gebiete mit viel Ruhe. Ist er mit einem einzelnen Beihirsch unterwegs, so lässt er dem Jüngeren beim Ausziehen in der Regel den Vortritt. Auch im größeren Rudel zieht der alte Hirsch gern als letzter aus. Beim Einziehen hingegen ist der ältere Hirsch meist noch vor jüngeren Artgenossen im Einstand verschwunden. Zur Brunft hin löst sich der alte Hirsch als erster aus dem Feisthirschrudel.

Während sich der junge Hirsch oftmals fast ungeduldig und sprunghaft bewegt, ist der alte Hirsch vorsichtiger. Er sichert öfter und geht gern allein. Einem alten Herrn gleich, bewegt er sich behäbig, ruhig und gemessen.

Wirklich alte Hirsche brunften oft heimlich mit einem Tier und beteiligen sich nicht mehr am lauten Brunftgeschehen. In der Brunft steht der alte Hirsch unter Umständen auch auf den Ruf zu, aber viel bedachter und vorsichtiger als der junge unbekümmerte Hirsch. Er kann ausgesprochen lange im sicheren Einstand warten und wird beim Ausziehen jede noch so kleine Deckung zu nutzen wissen. Beim kleinsten Anflug von Misstrauen macht er sich aus dem Staub. Selbst für erfahrene Rotwildjäger setzt daher die Jagd auf einen einzelnen alten Hirsch sehr viel Geduld, Beherrschung und große Nervenstärke voraus – ganz besonders in der Feistzeit.

Auch altes weibliches Rotwild zeichnet sich dadurch aus, sich im Revier besonders vorsichtig und heimlich zu bewegen. Die Führung eines Rudels ist nicht auf ein einziges weibliches Stück beschränkt, sondern kann wechseln. Meist handelt es sich dabei um ein führendes Tier.

Schmaltiere und Spießer werden zur Setzzeit von der Mutter allein gelassen. Ohne Führung bewegen sie sich zunächst recht sorglos und sind daher gerade in den ersten Tagen und Wochen nach der Trennung vom Muttertier recht einfach zu bejagen.

Sozialverhalten und Rangordnung

Gegen Ende Februar/Anfang März, wenn ältere Hirsche ihre Geweihe abwerfen, kommt es häufig zu einer neuen Rangordnung innerhalb des Rudels. Ohne Geweih zerfällt die alte Rangordnung vorübergehend, weil die jüngeren, noch Geweih tragenden Hirsche den älteren gegenüber bei einer Auseinandersetzung klar im Vorteil sind. Rangeleien in dieser auch futterknappen Zeit kommen öfter vor als sonst.

Die Stellung eines Hirsches lässt sich am besten daraus ableiten, wie oft er andere vom Futterplatz oder einem Lager verdrängt oder selbst verdrängt wird. Dies geschieht in der Regel dadurch, dass ein Hirsch frontal auf einen anderen zuzieht. Manchmal wird dabei dem Nebenbuhler stolz das Geweih präsentiert. Die Stärke oder das Gewicht des Geweihes spielen für die Rangordnung interessanterweise kaum eine Rolle. Untersuchungen mit Geweihattrappen bei schwächeren Hirschen und abgesägten Geweihen bei starken Hirschen haben dies mehrfach bestätigt. Entscheidend sind das Selbstbewusstsein sowie die Wesens- und Willensstärke eines Hirsches.

Es gibt auch eine Rangordnung innerhalb des weiblichen Rotwildes, nur nicht so ausgeprägt wie bei den Hirschen. Daher kann auch die Führung eines Rudels innerhalb der weiblichen Stücke wechseln. Interessantes Detail: Hochrangige Tiere führen oftmals Hirschkälber.

Die Brunft

Die Hirschbrunft – für viele Jäger der absolute Höhepunkt des Jagdjahres. Doch auch hier: Die Jagd in diesen wenigen Wochen wird nur dann eindrucksvoll in Erinnerung bleiben, wenn man über Jahre auf einen vom Altersaufbau her ausgewogenen Wildstand achtet. Nehmen wir daher ein Rotwild-Gebiet, in dem der Hirsch vom 11. oder 12. Kopf in der Vollreife steht. Dort wird sich die Brunft meist so abspielen:

Zu Beginn der Brunft werden sich die Hirsche zwischen 9. und 10. Kopf am Brunftplatz einfinden. Wirklich vollreife Hirsche wird man zu dieser Zeit dort noch nicht in Anblick bekommen. Erst, wenn sich Kahlwild zu den Brunftplätzen stellt, kommen diese vollreifen Hirsche vom 11. oder 12. Kopf dazu. Gegen Ende der Brunft – in den meisten Revieren Anfang Oktober – werden da und dort auch noch richtige Senioren auftauchen. Die Kräfte der Platzhirsche schwinden, und damit wächst die Chance für einen solchen Veteranen, das eine oder andere weibliche Stück ohne große Gegenwehr abzustauben.

Für den Ablauf der Brunft ist das Verhalten des weiblichen Rotwildes entscheidend. Die Tiere suchen sich nämlich den Hirsch aus, und sie bevorzugen eindeutig ältere Hirsche, die – im Gegensatz zu ihren jüngeren Artgenossen – ausgeglichen und ruhig um sie werben. Dabei kann es soweit kommen, dass sich der Platzhirsch das kräftezehrende „Herden und Halten“ des Brunftrudels erspart, weil die paarungsbereiten Tiere zu dem Hirsch stehen, der den Brunftplatz beherrscht.

Noch eine für den Rotwild-Jäger vielleicht ganz hilfreiche Beobachtung während der Brunft: Kommt ein weibliches Stück mit gestelltem Wedel in Anblick, so deutet dies darauf hin, dass der Hirsch ganz in der Nähe ist.

Keine Schnellschüsse

Um sicher anzusprechen, muss man sich in das jeweilige Rotwildgebiet erst einmal „einschauen" oder sich einführen lassen. Wer als Jäger mit leichtgewichtigen Berghirschen aufgewachsen ist, wird wohl beim erstmaligen Anblick eines massigen Auhirsches nicht sekundenschnell das Alter abschätzen können. Das gilt natürlich auch für Kahlwild. Gerade beim Rotwild gibt es verschiedene Typen und Schläge, die nicht alle in einen einzigen Ansprech-Topf geworfen werden können.

Selbst wenn man mit Wild und Revier einmal vertraut ist, gibt es keine Schnellschüsse. Die guten Rotwildjäger zeichnen sich dadurch aus, dass sie ein Stück nicht gleich bei der ersten Begegnung erlegen, sondern dieses oft über Jahre beobachten und in seiner Entwicklung verfolgen. Das bedeutet aber keinesfalls, dass solche Jäger bei schwachen Kälbern, Schmaltieren und Spießern oder offensichtlich kranken Stücken nicht auch einmal sehr schnell zur Büchse greifen. Um Wild in Ruhe alt werden zu lassen, sind zweifellos Absprachen mit Nachbarrevieren – oder noch besser – großräumige Konzepte für ganze Rotwildgebiete entscheidend.

In jenen Gebieten, wo man Rotwild nur selten, und wenn, dann einmal und nie mehr wieder vor die Büchse bekommt, ist ein sicheres Ansprechen praktisch unmöglich – und damit auch eine Jagd auf Rotwild in der vollen Bandbreite.

3. Ansprechen

Als Jäger nähert man sich dem feinsinnigen Rotwild langsam und vorsichtig. Da ist man beim Reviergang für jeden noch so kleinen Hinweis dankbar, der verrät, welches Wild sich wo aufhält: ein gebrochener Zweig, ein einzelner Tritt oder ein frisches Lager. Und ist man schließlich auf Tuchfühlung, zählt jedes Merkmal, das beim Ansprechen hilft.

Das folgende Kapitel spannt genau diesen Bogen, den ein Jäger in der Praxis erlebt: von den ersten Birschzeichen im Revier bis zum Blick in den Äser des erlegten Stückes.

Spuren

Fährten

Grundsätzlich läuft das Trittsiegel von einem weiblichen Stück im vorderen Teil kegelförmig zusammen. Schmaltiere haben ein schlankes Trittsiegel, in der Größe liegt es zwischen Kalb und Tier. Beim Rottier gibt es nach dem 3. Lebensjahr nur mehr wenig Veränderungen. Mit zunehmendem Alter wird das Trittsiegel zwar noch etwas größer, aber nicht so stark wie beim Hirsch. Zudem verjüngt es sich nach vorne. Nebenbei erwähnt: Von einem Trittsiegel spricht man nur dann, wenn der Abdruck besonders deutlich zu erkennen ist. Sonstige Abdrucke bezeichnet man als Tritte.

Bei nicht ausgewachsenen Hirschen verjüngen sich ähnlich wie beim Tier die Schalen nach vorne, dennoch weisen sie schon eine deutlich stumpfere Spitze auf. Ein Hirsch ist zwar mit 5 Jahren ausgewachsen, seine Fährte verändert sich aber noch

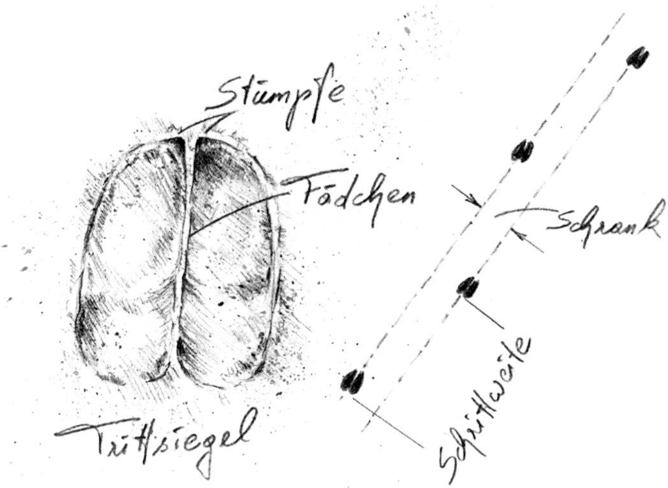

mit zunehmendem Alter. Sie wird vor allem im vorderen Bereich immer breiter und erscheint beim alten Hirsch rechteckig, oftmals fast quadratisch. Ein Grund dafür ist die starke Abnutzung der Schalen. Deshalb sind die Stümpfe – der vordere Teil der Schalen – breiter.

Hirsche legen mit dem Alter an Gewicht zu, dadurch wird der Schrank – also der Abstand zwischen den Trittsiegeln der linken und rechten Körperhälfte – größer. Beim einzelnen Trittsiegel des Hirsches sieht man auf weichem Boden das Fädchen: Durch das größere Körpergewicht entsteht zunächst der Zwang, das heißt, die Schalen werden beim langsamen Ziehen stärker zusammengepresst. Zwischen den beiden Schalen bleibt dadurch nur ein dünner Streifen Erde stehen, und dieser sieht aus wie ein Faden. Kahlwild und jüngere Hirsche pressen die Schalen beim langsamen Ziehen nicht so stark zusammen, wodurch ein etwas breiterer Mittelstreifen entsteht.

Schrittweite und Schrank sind nur dann gut zu erkennen, wenn sich die Fährte auf weichem Boden länger verfolgen lässt. Zumindest im Bergland ist das selten der Fall, man wird sich hier nur über einzelne Trittsiegel ein Bild machen können.

Losung

Die Losung – oder besser gesagt die Form der Losung – sagt nichts über das Geschlecht des Rotwildes aus, auch wenn sich früher Lehrbücher ausführlich und seitenweise damit auseinandergesetzt haben und noch immer einige Jäger fest daran glauben. Die alte „Zäpfchen und Näpfchen"- Regel hält nicht, wonach die Zapfenform dem weiblichen Rotwild und die topfähnliche Napfform dem männlichen zuzuordnen ist. Wohl haben diese Formen mit unterschiedlichem Druck im Darmbereich zu tun, auf das Geschlecht kann man daraus aber nicht schließen.

Abwurfstangen

Wer Jahr für Jahr im Frühjahr – etwa bei einer zentralen Fütterung – die Abwurfstangen der Hirsche aufklaubt, kann natürlich sehr viel daraus lesen. Anhand einer Abwurfstangen-Sammlung kann man wunderbar feststellen, wie sich etwa Enden und Krone eines Hirsches über die Jahre entwickelt haben. Hie und da sind daran auch markante Einbrüche herauszulesen, wenn ein Hirsch etwa durch Krankheit oder mangelndes Äsungsangebot gelitten hat.

Für jene Jäger, die im Frühjahr beim Salzlegen allein oder mit Hund auf Abwurfstangen-Suche gehen und dabei vielleicht nur eine Abwurfstange finden, kann auch diese einzelne Stange sehr hilfreich sein. Neben offensichtlichen Merkmalen wie Stärke, Endenanzahl und Länge untersucht man vor allem das sogenannte Petschaft, also jene Fläche der abgeworfenen Geweihstange, die unmittelbar auf dem Rosenstock aufgesessen hat und die von der Rose umschlossen wird.

In älteren Schriften über Rotwild liest man immer wieder, dass die Wölbung des Petschaftes das Alter des Hirsches verrät. Man nahm an, dass ein nach außen gewölbtes – konvexes –

Petschaft ein Zeichen für einen jungen Hirsch ist, ein nach innen gewölbtes – konkaves – Petschaft auf einen alten Hirsch hinweist. Ein eindeutiges Altersmerkmal ist das Petschaft allerdings nicht. Ein genauerer Blick erklärt, womit die Wölbung des Petschaftes tatsächlich zusammenhängt.

In den Rosenstöcken sind aufgrund eines hohen Testosteron-Spiegels Mineralstoffe eingelagert. Ohne dieses männliche Sexualhormon ist eine Mineralisierung im Rosenstock unmöglich. Sinkt der Testosteron-Spiegel nach der Brunft, wandelt sich der Knochen in Schwammknochen um, und die Stange fällt. Sinkt der Hormonspiegel nach der Brunft rasch, dann wird die Brücke zwischen Geweih und Rosenstock schnell abgebaut, und es bleibt viel Knochensubstanz am Petschaft. Die Folge ist ein konvexes Petschaft. Manchmal verbleiben an der Abwurfstange sogar noch Knochenreste aus dem Rosenstock.

Der Hormonspiegel eines Hirsches und die eng damit zusammenhängende Form des Petschaftes sind aber für eine brauchbare Altersschätzung zu wenig. Sehr wohl kann aber über das Petschaft eine Abwurfstange einem bestimmten Hirsch zugeordnet werden. Jeder Hirsch hat nämlich einen ganz eigenen Petschaft-Umriss, der in seiner Form von kreisförmig bis oval oder etwa mit markanten Einbuchtungen oft ein Hirschleben lang beibehalten wird (siehe Foto auf Seite 81).

Fegestellen und Himmelszeichen

Starke Hirsche schlagen und fegen gern dickere Stämme, oft bis Armstärke und darüber. Geringen Hirschen reichen hingegen kleinere Stämmchen. Wie beim Boxsport braucht ein starker Hirsch eben auch einen stärkeren Sparringspartner. Welche Baumarten sich der Hirsch fürs Fegen auswählt, sagt wenig über dessen Alter aus. Die beliebten Weiden, Latschen oder Erlen

werden sowohl von älteren als auch jüngeren Hirschen gern angenommen.

Bei den sogenannten Himmelszeichen schlägt das Herz des kundigen und aufmerksamen Rotwildjägers höher. Damit bezeichnet man jene Spuren, die ein Hirsch mit seinem Geweih beim Durchwechseln an Bäumen, Ästen oder Blättern hinterlässt – oder die im Winter als abgestreifter Schnee zu erkennen sind. Finden sich die Himmelszeichen hoch oben im Geäst, deuten sie auf einen gut aufhabenden Hirsch hin.

Lager

Ein Lager erzählt nur wenig über das Stück, das darin gesessen ist. Am ehesten sind Rückschlüsse auf die Größe eines Stückes möglich oder ob in der Nähe eines weiblichen Stückes auch ein Kalb niedergetan war. War ein Stück zuvor in einer Suhle, so geben die lehmigen Spritzer auf Blättern und Gräsern Auskunft darüber, aus welcher Richtung das Stück gezogen ist.

Aufschlussreich ist immer auch der Ort, wo man Lager findet – oft an Geländekanten oder Stellen mit guter Übersicht. Im Winter tut sich Rotwild gerne dort nieder, wo ein paar Sonnenstrahlen hinkommen.

Lautäußerungen

Schrecken und Mahnen

Rotwild schreckt selten, und wenn, dann schrecken in der Regel weibliche Stücke. Hirsche schrecken fast nie. Tiere mahnen, wenn sie ihr Kalb rufen, oder während des Treibens in der Brunft. Dabei kann es vorkommen, dass ein Schmaltier, das getrieben wird, andauernd mahnt.

Röhren

Das Röhren ist nicht nur Musik in den Ohren eines jeden Jägers, es dient vor allem den Hirschen untereinander als Orientierungshilfe. Aus Versuchen mit Tonbändern weiß man, dass Hirsche allein aus den Rufen reife von jungen Hirschen unterscheiden können und auch abschätzen, wie kampfkräftig der Kontrahent ist. Das Röhren hilft also, den Ausgang eines Kampfes vorauszusagen. Von Bedeutung ist das Röhren auch für das weibliche Wild: Neben dem Brunfttreiben selbst tragen die Rufe dazu bei, die Rottiere in Stimmung zu bringen und damit den Eisprung zu fördern.

Der Jäger selbst hört aus dem Schreien die jeweilige Stimmungslage heraus und erfährt so, was gerade abläuft.

Der „Sprengruf" wird kurz und ruckartig ausgestoßen. Er ist zu hören, wenn der Hirsch ein Tier treibt oder zum Rudel zurückholt. Er wird auch als Drohlaut gegenüber jüngeren Hirschen eingesetzt, die zu nahe kommen. Wenn ein Gegner abgekämpft wird und flieht, tönt ihm oftmals der Sprengruf hinterher. Wenn man diesen hört, ist der Hirsch meist in Bewegung.

Hirsche „trenzen", wenn sie kurze Rufe von sich geben, aber nicht aus vollem Hals. Wenn der Hirsch niedergetan ist oder

ruhig steht, dann „knört“ oder „brummt“ er auch. Alte Hirsche, die mit einem einzigen Tier des Weges ziehen, brummen manchmal nur mit tiefer Stimme. Sie sind daher schwer ausfindig zu machen.

In größter Erregung, vor allem, wenn sich ein fremder Hirsch nähert, ist der „Kampfschrei“ zu hören. Ein markerschütternd lauter Schrei, der aus nächster Nähe selbst bei hartgesottenen Jägern Gänsehaut erzeugt.

Welcher Hirsch wann schreit, hat auch mit dem Alter zu tun. Für das Ansprechen stellt das Röhren der Hirsche daher eine brauchbare Hilfe dar. Geht es in die Brunft, melden zunächst die etwas jüngeren Platzhirsche wie narrisch. In einem Revier mit einem guten, ausgewogenen Bestand und einer hohen Lebenserwartung sind dies die 8- bis 11-jährigen Hirsche. Erfahrene Jäger lassen sich aus diesem Grund gerade zu Brunftbeginn Zeit und warten ab. Wirklich alte Hirsche brunften oft still und leise. Sie verziehen sich lieber mit einem einzelnen brunftigen Tier und machen dabei nicht viel Lärm, um nicht in unnötige Auseinandersetzungen verwickelt zu werden. Sie melden weniger und brummen vielleicht nur hie und da. Alte Hirsche gehen dem Rummel lieber aus dem Weg und werden nicht unbedingt auf dem Brunftplatz zu finden sein. Gerade in Waldrevieren ist ein solcher alter Haudegen kaum zu Gesicht zu bekommen und macht die Jagd umso schwieriger aber auch reizvoller.

Eine besonders laute, tiefe oder raue Stimme sagt allein kaum etwas über das Alter eines Hirsches aus. Hirsche müssen sich erst einschreien, und ihre Stimme wird daher mit Fortdauer der Brunft merklich besser. Die Klangfarbe hängt auch sehr vom jeweiligen Lebensraum ab – je nachdem ob man sich in einem Kerngebiet befindet, wo Hirsche viel und dauerhaft schreien, oder sich die Brunft in einem stimmeschonenden Randgebiet abspielt, wo es kein ständiges Röhren braucht.

Wildkörper

Wildbretstärke

Wie stark Rotwild im Wildbret ist, hängt eng mit der Wilddichte zusammen. Siedelt sich Rotwild neu in einem Gebiet an, sind starke Geweihe und hohes Wildbretgewicht keine Seltenheit. Nimmt in der Folge die Wilddichte zu und muss daher das Nahrungsangebot – gerade in der so wichtigen Sommerzeit – auf viele Äser verteilt werden, dann sinkt das durchschnittliche Gewicht. Ein Forschungsergebnis aus Deutschland dient dazu als gutes Beispiel: Sank dort die Wilddichte um ein Stück je 100 Hektar, so nahm das Gewicht bei Kälbern und einjährigen Stücken um rund ein Kilogramm zu.

Was können wir aus der Wildbretstärke für das Ansprechen ableiten? Je älter ein Hirsch wird, desto schwerer wird er von Jahr zu Jahr. Erst im hohen Alter setzt er im Geweih zurück und wird auch im Wildbret geringer. Halbstarke und junge Hirsche machen oft einen grazilen Eindruck, sind hoch auf den Läufen, mit kurzem schmalem Haupt, und wirken insgesamt noch „freundlicher". Mit rund 5 Jahren, wenn sie aus der Pubertät draußen sind und aus Halbstarken reifere Hirsche werden, vollzieht sich ein Persönlichkeitswandel. Die Hirsche werden nicht nur erkennbar schwerer, sie treten auch deutlich selbstsicherer auf.

Bei ausgewachsenen Hirschen verlagert sich das Körpergewicht durch den Muskelaufbau bei Träger und Vorschlag nach vorn, die Masse des Körpers ruht auf den Vorderläufen. Besonders gut ist dies bei abgebrunfteten Platzhirschen zu sehen: Sie bauen vor allem an der hinteren Körperpartie Masse ab, und der Magen-Darmbereich ist fast völlig leer, weil sie kaum Zeit zum Äsen finden. Da der Umfang des Brustkastens annähernd gleich bleibt, verjüngt sich die Körperform stark keilförmig nach hinten (siehe Foto auf Seite 78 unten).

Haarwechsel

Der Haarwechsel zieht sich je nach Gesamtverfassung des Stückes kürzer oder länger hin. Im Normalfall beginnt der Haarwechsel in der zweiten Aprilhälfte und dauert bis in den Juni. Alte oder führende Tiere benötigen meist etwas länger als junges Rotwild, wie etwa Schmaltiere oder Spießer.

Im Herbst erfolgt der Wechsel ins Winterhaar. Von erfahrenen Rotwild-Jägern hört man immer wieder: Der reife Hirsch ist bis zur Ende der Brunft – also durchaus bis in den Oktober hinein – noch rot. Als feste Regel hält diese Beobachtung nicht, gut erklären lässt sie sich dennoch: Für einen Platzhirsch würde das dichtere Winterhaar bei hohen Temperaturen und massiver körperlicher Anstrengung wohl zum Problem werden. Bei einem solchen Hirsch unterscheidet sich zudem die Färbung auf Wildkörper und Träger deutlich: Während die Decke noch rot leuchtet, sind Bauch- und Brustseite schwarz abgegrenzt, und der Träger ist meist dunkelgrau. In dieser Zeit wird auch das Stirnhaar länger, manche Hirsche tragen in der Brunft dunkelgraue bis schwarze Stirnlocken.

Der Haarwechsel allein ist aber kein ausreichendes Merkmal, um auf das Alter zu schließen. Es gibt Gebiete, in denen 14- bis 15-jährige Hirsche bereits während der Brunft verfärben und deutlich jüngere Hirsche selbst nach der Brunft noch rot sind.

Deckenfärbung

Die Deckenfärbung hängt vom jeweiligen Typ ab. So gibt es zum Beispiel dunkelrote, fahlrote und fast gelbe Alttiere. Ebenso haben auch Hirsche oftmals ganz unterschiedliche Farbtöne. Erfahrene Jäger geben daher nicht viel auf die Färbung als Altersmerkmal. Dennoch: Gewisse Hinweise gibt die Deckenfärbung schon. Kennt man als Jäger nämlich ein Gebiet über Jahre, dann greift man zu bestimmten Zeiten gern und selbstsicher auf solche Hinweise zurück. Etwa im Sommer, wenn man die Deckenfärbungen innerhalb eines Kahlwildrudels gut vergleichen kann. Während die Decke bei Alttieren im Großen und Ganzen fahler und heller wirkt, sticht ein Schmaltier mit seiner im Vergleich meist dunkleren Farbe aus dem Rudel hervor. Auf kurze Entfernung wird auch der Blick auf das Haupt Aufschluss geben: Bei wirklich alten Stücken ist dieses fahlgrau und mit weißlicher Brille um die hervortretenden Lichter.

Kälberflecken

Frisch gesetzte Kälber tragen rund sechs Wochen die typische Jugendfleckung, die bereits mit dem Sommerhaar verwäscht und sich aufzulösen beginnt. Zu Herbstbeginn verschwinden die Flecken dann vollends im wachsenden Winterhaar. Hirsch- und Wildkälber kann man aufgrund der Deckenfärbung oder gar des Körperbaus nicht unterscheiden.

Kälberflecken tauchen interessanterweise ab und zu entlang der Rückenlinie von alten Hirschen auf. Bei mittelalten Hirschen wird man sie nicht finden (siehe Fotos auf Seite 74).

Rumpf

Beim reifen Feisthirsch ab dem 10. Lebensjahr muss der Bauch bis nach hinten zu den Keulen durchhängen, wobei die Keulen mehr oder weniger gerade nach oben gehen. Erfahrene Jäger vergleichen das Hinterteil gerne mit einer Schachtel: Spiegel und Keulen bilden von der Seite betrachtet eine gerade senkrechte Linie. Das ganze Hinterteil hat eine fast quadratische – eben schachtelähnliche – Form. Bei jüngeren Hirschen verläuft diese Linie hingegen meist wie ein Dreieck nach hinten zugespitzt.

In der Feistzeit wirkt der reife Hirsch aufgrund seines hängenden Bauches besonders kurzläufig, jüngere Artgenossen hingegen hochläufig und verhältnismäßig schlank.

Der Rumpf selbst ist zur Brunft immer mit Vorsicht zu betrachten. Zu Beginn der Brunft sind alle Hirsche dick wie eine Zigarre, und der Gewichtsverlust im Laufe der Brunft kann sehr unterschiedlich sein. Ausgewachsene Hirsche haben in der vorderen Körperpartie viel Muskelmasse. Während der Brunft verlieren diese – besonders wenn sie sich als Platzhirsch behaupten müssen – deutlich an Gewicht. Der Brustkorb bleibt aber gleich und man hat den Eindruck, dass sich die gesamte Körpermasse nach vorne verlagert. Der Hirsch „kippt nach vorne über".

Die Zeichnungen stellen Hirsche ab etwa September dar, also nach der Feistzeit.

Junger Hirsch.

Mittelalter Hirsch.

Alter Hirsch.

Rückenlinie und Vorschlag

Bei reifen Hirschen ab 10 Jahren bilden Träger und Rückenlinie meist eine waagrechte Linie. Mit zunehmendem Alter hängt dann der Rücken immer stärker durch, der Hirsch bekommt einen Senkrücken, und der Widerrist tritt als starker Buckel hervor. Zudem muss bei einem 10- bis 12-jährigen Hirsch der Vorschlag herausstechen. Jäger sprechen davon, dass er „einen Kern bekommt", wenn man zwischen den Vorderläufen das Brustbein deutlich erkennt. Der Vorschlag geht beim alten Hirsch ohne Unterbrechung in den Träger über, und man hat den Eindruck, dass die Vorderläufe in der Mitte des gesamten Hirsches stehen.

Brunftmähne

Beim Hirsch schwillt gegen Ende August nicht nur die Halsmuskulatur, es wächst in dieser Zeit auch eine Brunftmähne – dichte, derbe Haare, die auf der Unterseite des Trägers bis zu 15 Zentimeter lang werden und aus denen der begehrte Hirschbart gebunden wird. Die Brunftmähne ist kein Zeichen für das Alter, sondern geht eher auf Veranlagung zurück. Selbst junge Hirsche tragen oft einen ansehnlichen Kragen. Es gibt Hirsche mit starker Mähne und solche mit fast glattem Träger. Maral, Wapiti und auch osteuropäische Rothirsche haben kaum Brunftmähnen. Die unterschiedliche Veranlagung ist mit dem Bartwuchs beim Menschen vergleichbar: Während etwa das Gesichtshaar bei südeuropäischen Männern traditionell stark sprießt, werden Asiaten wohl länger auf den Vollbart warten müssen.

Gelenksbeulen

Sind bei einem Hirsch an den Läufen Gelenksbeulen – auch „Gichtbeulen" genannt – zu erkennen, deuten diese auf einen sehr alten Hirsch hin. Bei jüngeren Stücken treten sie selten auf.

Kurzwildbret

Der Brunftfleck an der Bauch-Unterseite ist beim Hirsch, der bereits an der Brunft teilnimmt, schwarz, feucht und fettig. Er riecht stark nach Androsteron, einem Geschlechtshormon, das in den Hoden erzeugt wird.

Der Hodensack ist ganzjährig weiß und außerhalb der Brunft erst bei Hirschen ab dem 5. Lebensjahr von hinten sichtbar. Die Hoden sind mit rund 5 bis 6 Jahren voll entwickelt.

Träger

Erfahrene Jäger geben beim Ansprechen neben dem Verhalten bekanntlich viel auf den Körperbau, und da wiederum vor allem auf Haupt und Träger. Gerade bei weiblichem Wild bietet dieser Körperbereich gute Anhaltspunkte. So scheint der Träger bei alten Rottieren im Sommerhaar im Verhältnis zum restlichen Wildkörper oft zu dünn, bei jüngeren Stücken ist das Verhältnis zwischen Träger und Wildkörper – wohl auch durch das noch kürzere Haupt – wohlproportionierter.

Bei Hirschen kann der Träger hingegen täuschen. Gerade mittelalte Hirsche haben oft einen sehr starken, dicken Träger und machen dadurch einen sehr bulligen Eindruck. Sie gleichen einem Stier oder Löwen. Ein dicker, kurzer und gedrungener Träger ist beim Rothirsch allerdings kein Altersmerkmal! Oft erscheint der Träger bei wirklich alten Hirschen richtiggehend dünn, lang und etwas durchhängend.

Haupt

Will man über das Haupt etwas über das Alter erfahren, wird klar, wie wichtig bestes Licht und nicht zu weite Entfernungen sind. Nur so wird man die feinen, aber wesentlichen Unterschiede zwischen Jung und Alt auch erkennen können.

Beim Hirsch ist der Schädel mit etwa 5 Jahren ausgeformt, kann aber bis zum 10. Lebensjahr noch wachsen. Vor allem die Schädelbreite nimmt bis ins hohe Alter zu. Das fertige Haupt eines Hirsches ist durchschnittlich 45 Zentimeter lang und um die 18 Zentimeter breit.

Ein jüngerer Hirsch erscheint mit seinem kurzen schmalen Haupt insgesamt freundlicher, das Haupt eines reifen Hirsches hingegen wirkt gerade zur Brunft streng und finster: ein breites Haupt, ein breiter Äser und in vielen Fällen auch noch eine Ramsnase, also ein nach außen gebogener Nasenrücken. Eine solche Ramsnase kann aber auch altersunabhängig auf Veranlagung oder, seltener, auf eine Nasenbeinverletzung zurückzuführen sein. Ab dem 12. Kopf hat ein Hirsch fast immer einen breiten Äser, auf keinen Fall laufen Äser und Windfang spitz zu. Insgesamt macht das Haupt einen derben und grantigen Eindruck.

Sieht man bei alten Hirschen von vorne auf das Haupt, wirken die Lichter wie herausgetrieben. Kenner sagen: „Beim alten Hirsch drückt es die Lichter heraus.“ Gemeint ist, dass die Knochenbögen um die Lichter stärker hervortreten, weil dort die Muskulatur im Alter abnimmt. Im Gegensatz zum mittelalten Hirsch nimmt das Haupt eine lichtgraue Färbung an, die sich oft bis zum Träger zieht. Im Seniorenalter wirkt das Haupt eingefallen und wieder schmäler (siehe Foto auf Seite 75 oben).

Betrachtet man einen reifen Hirsch von 10 Jahren oder mehr von der Seite, dann weist dieser ein deutliches Doppelkinn auf – auf gut Österreichisch: Er hat ein „Goderl“. Ein Hirsch in diesem Alter trägt sein Haupt beim Ziehen fast waagrecht, mit schwerem Geweih kann dies aber auch schon beim mittelalten Hirsch beobachtet werden.

Bei weiblichen Stücken fällt der Blick meist rasch auf die Länge des Hauptes. In jungen Jahren ist das Haupt noch kurz und zum Träger gut proportioniert. Mit zunehmendem Alter wächst es vor allem optisch in die Länge und wirkt dadurch auch schmäler. Bei älteren Rottieren treten außerdem die Knochenbögen stärker hervor, man spricht dann von einem „trockenen Haupt“ (siehe Foto auf Seite 68 unten).

Stirn

Auch wenn man anhand der Deckenfärbung nicht zwischen männlichen oder weiblichen Kälbern unterscheiden kann, so geben die Stirnhaare zumindest kurze Zeit Hinweise auf das Geschlecht. In den ersten drei Wochen nach dem Setzen sind bei Wildkälbern die Haare auf der Stirn nämlich kürzer als jene der Hirschkälber. Dadurch entsteht beim Wildkalb eine „Stehfrisur“. Die Stirn der Wildkälber wirkt in diesen ersten Wochen dunkler, auch weil sich dahinter zwischen den Lauschern eine hellere, halbmondförmige Zone abhebt. Bei männlichen Kälbern sind die Haarspitzen im Gegensatz zu Wildkälbern zudem meist braun, das Haupt ist einheitlich braun.

Die Stirnlocken sagen beim erwachsenen Hirsch wenig aus. Die dunkel gekrausten Stirnhaare sind eher eine Frage der Veranlagung, nicht aber des Alters. Stirnlocken sind höchstens ein zusätzlicher Hinweis für einen reifen Hirsch, verlassen sollte man sich aber keinesfalls darauf. Sie können schon bei 5-jährigen Hirschen stark ausgebildet sein.

Geweih

Tritt ein Hirsch endlich auf die Freie oder ist er gut auf einer Blöße anzusprechen, so wandert das Jägerauge meist unweigerlich hin zum Geweih. Jene dekorativen und begehrten Stangen ziehen den Blick förmlich magnetisch an. Nach Erlegung wird das Geweih mit gebleichtem Schädelknochen dann feinsäuberlich auf ein Schild montiert und erinnert an der Wand noch Jahrzehnte an das jagdliche Erlebnis.

Erfahrene Rotwildjäger geben beim Ansprechen vor allem dann wenig auf das Geweih, wenn sie einen ausgewachsenen Hirsch das allererste Mal in Anblick bekommen. Lässt sich vom 1. bis zum 4. Lebensjahr das Alter noch ganz gut am Geweih ablesen, so verschwimmen spätestens ab dem 5. Lebensjahr brauchbare Anhaltspunkte mehr und mehr. Dennoch lohnt sich ein Blick auf die wichtigsten Eckdaten.

Zyklus

Geht der Winter zu Ende, wirft der Hirsch sein Geweih ab: alte Hirsche oft bereits im Februar, junge Hirsche teilweise erst im April. Nach dem Abwerfen wächst wieder ein neues Geweih bis etwa – nach Kalenderheiligen gesprochen – Ulrich (4. Juli) oder längstens bis Jakob (25. Juli). Junge Hirsche werfen nicht nur später ab, das Geweih wächst ihnen auch langsamer nach, und sie verschlagen und färben es später. Spießer, die bis Ende September nicht verschlagen und ihre Spieße rau haben, sind keine Seltenheit. Je älter ein Hirsch wird, desto eher wirft er sein Geweih ab und umso schneller wächst ihm ein neues Geweih nach.

Nach langen schweren Wintern – und ohne Fütterung – kann sich der Geweihabwurf um zwei bis drei Wochen verzögern. Dementsprechend verschieben sich das Geweihwachstum und das Verfegen nach hinten. Wann genau das Geweih abgeworfen wird, hängt neben der Strenge des Winters auch davon ab, wie lang die Brunft dauert und wann daher der männliche Hormonspiegel wieder absinkt. In seltenen Fällen spielen Krankheiten oder Verletzungen eine Rolle.

Beide Stangen werden meist kurz hintereinander abgeworfen. Das kann praktisch zeitgleich geschehen, manchmal liegen auch Stunden dazwischen, oder es können – bei jüngeren Hirschen – zwischen Abwurf der ersten und zweiten Stange auch einige Tage vergehen. Vor allem Hirsche mit starkem Geweih, die bereits einseitig abgeworfen haben, verlieren nach dem Abwurf einer Stange manchmal die Balance. Mit schräg gehaltenem Haupt sieht man ihnen an, dass sie auch die zweite, noch mit dem Rosenstock verbundene Stange möglichst schnell loswerden wollen. Wer schon einmal eine massige Abwurfstange in Händen gehalten hat, kann leicht nachvollziehen, wie unangenehm eine solch einseitige Last auf dem Haupt sein muss.

Bastgeweih und Verfegen

Auch wenn der Hirsch im Bast von seiner Statur her schwieriger als ein Brunfthirsch anzusprechen ist, gibt sein Geweih – oder besser gesagt, wie weit es entwickelt ist – durchaus Aufschlüsse über das Alter.

Ältere Hirsche werfen früher ab, sind also im Geweihwachstum den jüngeren voraus. Auch verfegen ältere Hirsche in der Regel früher, die ersten bereits in der zweiten Julihälfte. Trotzdem muss ein frühzeitiges Verfegen nicht zwingend Zeichen für einen alten Hirsch sein. Gerade Hirsche im Seniorenalter lassen sich manchmal Zeit damit, selbst wenn sie früh abgeworfen und bereits fertig geschoben haben.

Geweihentwicklung

Das Geweih ist lediglich ein sekundäres Geschlechtsmerkmal und sagt nur wenig aus, wie lebensfähig oder gesund ein Hirsch ist. Jedenfalls gab und gibt es keine „guten" oder „schlechten" Geweihformen, wie etwa die in der Vergangenheit geradezu verpönte Dreiecksform oder die Krebsscheren, die einen Hirsch zwangsläufig zum klassischen Abschusshirsch gestempelt haben. Auch wenn man zweifelsohne unter künstlichen Bedingungen Hirsche mit 15 Kilogramm Geweihgewicht züchten kann, hängt die Geweihentwicklung nur bedingt vom Menschen ab. Ein kurzer Überblick fasst zusammen, wie sich das Geweih im Leben eines Hirsches verändert (siehe Fotos auf Seite 88 ff):

– Das erste Geweih schiebt der Hirsch im 2. Lebensjahr, und es besteht meist aus zwei Spießen. Man spricht vom 1. Kopf des Hirsches. Erstlingsgeweihe haben noch keine Rosen, zum Teil aber bereits starke Wülste beim Rosenstockübergang. Die Spieße sind gerade oder leicht nach hinten gebogen, vergleichbar etwa mit den Hörnern eines Ziegenbockes. Die typische Auslage der Stangen fehlt noch. Es können beim Erstlingsgeweih zwar Gabeln oder sogar Kronen vorkommen, aber keine Augsprossen. Wenn sich Erstlingsgeweihe teilen, dann meist an der Stangenspitze.

– Hirsche vom 2. Kopf, also im 3. Lebensjahr, tragen meist ein Sechsergeweih. Aug- und Mittelspross sind vorhanden. In diesem Alter sind aber auch Achtergeweihe – also Stangen mit Augspross, Mittelspross und Gabel – keine Seltenheit. Auch Kronenhirsche kommen teilweise schon vor.

– Ab dem 4. Lebensjahr, also im 3. Kopf, entwickelt sich die Endenzahl wenig vorhersehbar. Sie ist stark von Veranlagung und Lebensraum abhängig. Sehr wohl bestehen vom 2. bis

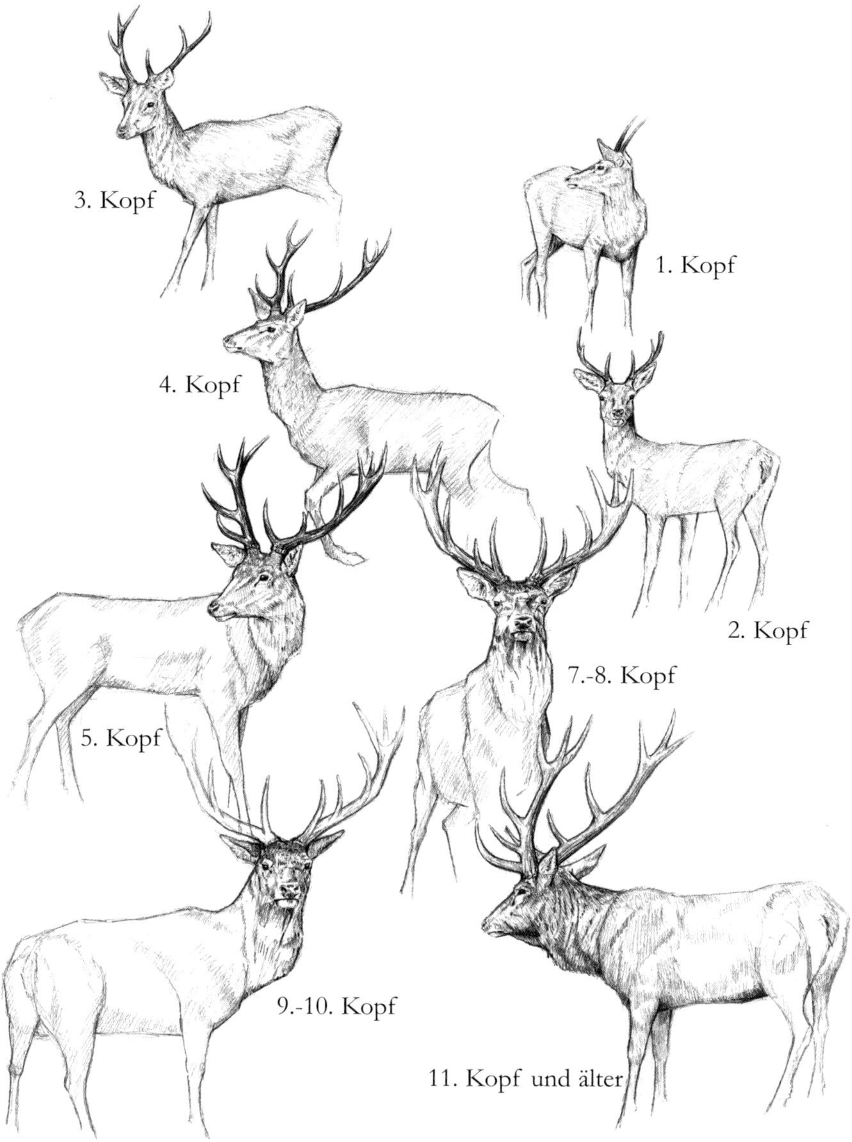
3. Kopf
1. Kopf
4. Kopf
2. Kopf
7.-8. Kopf
5. Kopf
9.-10. Kopf
11. Kopf und älter

zum 9. Lebensjahr aber Zusammenhänge zwischen Alter und Stangenlänge sowie dem Umfang der Stangen und dem Geweihgewicht. Länge, Umfang und Gewicht nehmen in der Regel jährlich zu. Auch der Rosenumfang und die Länge der Augsprossen können bei der Alterschätzung hilfreich sein. Wesentlich ist, dass man Wild und Gebiet kennt, um regionale Ausprägungen richtig einzuschätzen. Es gibt Gebiete, in denen Hirsche mit kurzen, dicken Stangen die Regel sind, und andere, vor allem alpine Regionen, in denen Hirsche eher endenarme, aber dafür umso länger wirkende Geweihe tragen. Dennoch: Die Geweihlänge gibt noch am ehesten Aufschluss über das Alter eines Hirsches, auch weil sich am lebenden Wild weder Umfang noch Gewicht der Stangen ermessen lassen. Das Bild eines alten Berghirsches sieht daher meist so aus: lange, starke Stangen mit weißen ausgespitzten Enden.

– Ein Hirsch trägt zwischen 9 und 13 Jahren sein stärkstes Geweih. Abhängig von der Veranlagung und den Lebensbedingungen sieht dieses aber unterschiedlich aus: Der eine schiebt längere Stangen, während der andere eher beim Geweihgewicht oder gar in der Endenzahl zulegt.

– Bei wirklichen Senioren, die zurücksetzen, nimmt im hohen Alter mitunter die Stangenlänge wieder ab, auch das Geweihgewicht wird bei der Mehrzahl dieser Hirsche geringer. Zudem rutscht die Geweihmasse mit den Jahren oft in den unteren Bereich der Stangen, während sie bei jungen oder mittelalten Hirschen noch im oberen Bereich liegt.

Grundregel ist und bleibt: Wird das Alter eines Hirsches nur nach dem Geweih beurteilt, besteht die große Gefahr, gerade besonders gut veranlagte, frühreife Hirsche falsch einzuschätzen.

Enden

Bei jungen Hirschen sieht man manchmal „brandige“ Enden: Gabel oder Krone sind stumpf und dunkel, und die Enden sind porös und weniger hart als spitz zulaufende, blank gefegte Enden. Poröse Enden entstehen, wenn der Hirsch gegen Ende des Geweihwachstums nicht mehr genügend Aufbaustoffe entwickelt. Fehlen diese Aufbaustoffe, wachsen die Stangen nicht mehr voll bis zum Ende durch (siehe Foto auf Seite 88 unten).

Eine andere Ursache für brandige Stangen kann sein, dass gegen Ende der Kolbenzeit nicht genügend Testosteron erzeugt wird. Dadurch kommt der „Befehl“, mit dem Geweihwachstum aufzuhören, zu spät oder nicht ausreichend stark. Testosteron regt den Körper an, Mineralstoffe einzulagern. Besteht ein Hormonmangel, kann das Geweih daher nicht richtig aushärten und verecken. Es bleibt stumpf. Ein solcher Hormonmangel entsteht auch dann, wenn junge Hirsche seit früher Jugend unterernährt sind oder sozial unterdrückt werden – treffend auch als „psychische Kastration“ bezeichnet. In beiden Fällen – zu wenig Aufbaustoffe oder Hormonmangel – kann man nicht eindeutig auf die Veranlagung des Hirsches schließen.

Selten aber doch tauchen brandige Stangen auch bei Hirschen bis zu einem Alter von etwa 7 Jahren auf. Sie deuten in der Regel darauf hin, dass noch Wachstumsreserven da wären und das Geweih nicht wirklich fertig ist. Bei älteren Hirschen hängen brandige Stangen meist mit der Ernährung zusammen. Wenn Rotwild nämlich stark – vielleicht sogar gezielt auf Geweihwachstum – gefüttert wird, dann hören Hirsche oftmals nicht auf zu schieben. Die Folge: Das Geweih ist noch nicht fertig, wenn der Hormonspiegel – gerade bei älteren Hirschen etwas früher – wieder steigt und das Wachstum stoppt. Was bleibt, ist meist ein im unteren Bereich ausgehärtetes Geweih mit brandigen, oberen Stangen und nicht ausgespitzten Kronenenden.

Ist ein Hirsch einmal ausgewachsen, kann die Endenzahl für den Rest seines Lebens gleichbleiben, sie kann aber genauso gut von einem Jahr zum nächsten zu- oder abnehmen.

Aug-, Eis- und Mittelspross

So sehr der obere Teil des Geweihes mit einer weiten Gabel oder wuchtigen Krone zum Hinschauen verleitet, für die Altersansprache taugt er wenig. Erfahrene Rotwildjäger schauen daher oft nur bis zum Mittelspross. Um einen Hirsch in Folgejahren am Geweih wiederzuerkennen, achtet man vor allem auf die Stellung von Aug-, Eis- und Mittelspross. Im unteren Bereich der Stangen bleibt diese Stellung meist gleich, der Eisspross kann aber von einem Jahr zum andern fehlen (siehe Foto auf Seite 83).

Eine Besonderheit, die vor allem bei wirklich alten Hirschen auftritt, ist der sogenannte Altersknick: Eine auffallende Biegung am unteren Teil der Stange. Solche Hirsche haben oft deutlich zurückgesetzt und sind meist älter als 15 oder 16 Jahre.

Rosenstöcke

Noch aussagekräftiger als der untere Stangenteil mit seinen Enden sind die Rosenstöcke. Geweihe beim Rothirsch nehmen in der Regel bis zum 13. Jahr an Stärke zu. Das erklärt, warum der Durchmesser der Rosenstöcke bis zu diesem Alter von Jahr zu Jahr größer wird. Während der Umfang wächst, nimmt die Höhe der Rosenstöcke mit dem Alter ab. Der Grund: Bei jedem Abwerfen werden Knochenzellen abgebaut.

Verläuft die Decke zwischen den Rosenstöcken eben oder wölbt sie sich sogar leicht nach oben, so ist der Hirsch mit ziemlicher Sicherheit über 10 Jahre alt. Da die Rosenstöcke im Lauf eines langen Hirschlebens immer kürzer werden, sitzen Rosen und Stangen vielfach so auf dem Haupt, als ob sie seitlich herunterrutschen würden. Manche Experten sind sogar der Überzeugung, dass dadurch die Auslage bei einem alten Hirsch zunimmt.

Zähne

Kleine Zahnkunde

Steht der Jäger vor dem erlegten Wild, so mischen sich ins Glücksgefühl mitunter auch Zweifel, ob man auch wirklich einwandfrei angesprochen hat. Das stimmige Gesamtbild, den das Tier oder der Hirsch einem noch vor wenigen Augenblicken vermittelt hat und zur Büchse greifen ließ, verschwimmt. Wie passt dieses jugendliche Gesicht zu dem langen, endenarmen Geweih? Oder warum – auch das kann vorkommen – sitzen beim schwachen Sechserhirsch die Rosenstöcke so verdammt tief? In solchen Augenblicken hat der Jäger noch einen Trumpf im Ärmel: die Altersschätzung anhand von Zahnmerkmalen.

Wie das Gebiss beim Rotwild aufgebaut ist und welche Methoden der Altersschätzung es überhaupt gibt, beantwortet das folgende Kapitel.

Gebissaufbau

Das vollständige Gebiss bei Säugetieren besteht ursprünglich aus 44 Zähnen. Bei vielen Arten hat sich die Anzahl der Zähne aber im Lauf der Entwicklungsgeschichte verringert. So hat das Rotwild nur noch 34 Zähne. Im Unterkiefer sitzen 6 Schneidezähne (Incisivi), die 2 Eckzähne (Canini) sind nach vorn gerückt und wachsen direkt außen im Anschluss an die Schneidezähne. Sie sehen diesen sehr ähnlich, sodass der Eindruck entsteht, es seien 8 Schneidezähne vorhanden. Im Oberkiefer fehlen die Schneidezähne vollständig, es gibt nur eine elastische Gaumenplatte. Beim Äsen dient sie als Gegenstück zu den Schneidezähnen im Unterkiefer. Gräser und Triebe werden also eher abgerupft als sauber abgebissen. Dies hilft bei der Unterscheidung, ob Triebe von Rotwild oder etwa von einem Hasen abgebissen wurden. Beim Hasen ist der Biss sauber und scharf, beim Rotwild eher ausgefranst.

Zwischen den Eckzähnen und den Backenzähnen gibt es im Unterkiefer eine breite Lücke (Diastema). Sie entstand, weil der Eckzahn nach vorn gerückt ist und der erste der vorderen Backenzähne (Prämolaren) verschwunden ist. Sowohl im Unterkiefer als auch im Oberkiefer gibt es auf jeder Seite 3 vordere und 3 hintere Backenzähne (Molaren). Mit den Schneidezähnen wird die Nahrung abgebissen, mit den Backenzähnen wird sie zermahlen. Wer einen vollständigen Rothirschschädel in den Händen hält, der erkennt, dass bei geschlossenem Gebiss die Zahnreihen des Unterkiefers nicht direkt unter den Backenzähnen des Oberkiefers liegen. Die Unterkieferäste stehen enger beisammen, sodass die unteren Backenzähne beinahe zwischen den Zahnreihen des Oberkiefers liegen. Wenn Rotwild seine Nahrung kaut, muss es also die Kiefer seitlich bewegen.

Die Backenzähne im Oberkiefer sind viel breiter als jene des Unterkiefers. Beim Kauen wirken sie dadurch wie ein Widerlager für die unteren Molaren. Damit die Nahrung besser zerkleinert werden kann, besitzen die Backenzähne Kauränder. Zwischen den scharfen, sägezahnartigen Kaurändern haben die Zahnkronen tiefe sichelförmig gebogene Rillen („Sichelzähne"). Diese Rillen werden als „Kunden" bezeichnet, im Oberkiefer sind sie nach innen gebogen, im Unterkiefer nach außen. Wenn der Backenzahn durchbricht, ist der Zahnschmelz über den Kaurändern noch geschlossen, mit zunehmendem Alter werden die Spitzen abgerieben, und es gibt dann nicht mehr nur zwei, sondern vier Kauränder. Im hohen Alter gehen durch die fortgeschrittene Abnutzung schließlich die inneren Schmelzschlingen (Kunden) verloren, sodass am Ende nur mehr der harte Schmelzmantel auf der Außen- und Innenseite des Zahnes bleibt.

Eckzahndrohen

Die Eckzähne – die so beliebten „Grandeln“ – sind im Oberkiefer noch vorhanden. Bei sehr ursprünglichen Hirscharten, wie dem geweihlosen Chinesischen Wasserreh, sind sie bis heute große Hauer geblieben, die auch im Kampf eingesetzt werden. Beim Rotwild sind die Grandeln geschrumpft. Sie werden zwar beim sogenannten Eckzahn-Drohen gezeigt, bei dem Rotwild das Haupt hebt und die Oberlippen zurückzieht, bei Auseinandersetzungen haben sie aber heute ihre Funktion verloren.

Zahnentwicklung

Zahnformeln werden üblicherweise mit Hilfe der lateinischen Bezeichnung und der fortlaufenden Nummer des Zahnes angegeben: I 1 ist der erste Schneidezahn (Incisivo) eines Unterkieferastes, C ist der Eckzahn (Caninus), P 1 ist der erste der vorderen Backenzähne (Prämolaren) und M1 der erste Backenzahn (Molar). Für die Zahnformel gibt man nur die Anzahl der jeweiligen Zähne an, für das fertige Dauergebiss des Rotwildes würde sie also lauten:

Oberkieferast:	0I	1C	3P	3M	x 2 = 14
Unterkieferast:	3I	1C	3P	3M	x 2 = 20

Das sind in Summe 34 Zähne. Meist lässt man die Großbuchstaben weg und schreibt nur:

$$\frac{0\ \ 1\ \ 3\ \ 3}{3\ \ 1\ \ 3\ \ 3}$$

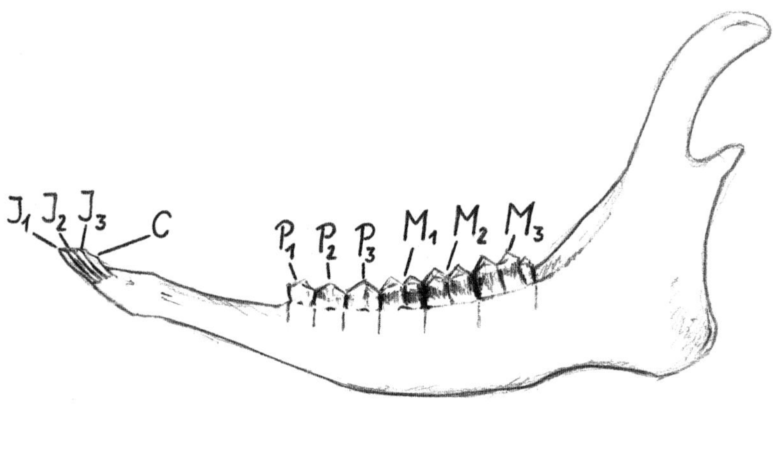

Milchgebiss

Wie bei anderen Säugetieren auch, gibt es beim Rotwild ein Milchgebiss. Die Milchzähne sind diejenigen, die gewechselt werden, die Dauerzähne bleiben für den Rest des Lebens. Das Milchgebiss des Kalbes ist mit etwa 2 bis 3 Monaten fertig. Das Kalb hat dann auf jeder Seite im Oberkiefer einen Eckzahn sowie drei Prämolaren und je Unterkieferhälfte drei Schneidezähne, einen Eckzahn sowie drei Prämolaren, von denen der letzte dreiteilig ist. Das heißt, dieser hat drei Zahnwurzeln. Im Dauergebiss hat der dritte Prämolar nur mehr zwei Zahnwurzeln, er ist dann zweiteilig.

Bei der Geburt hat das Kalb alle Schneidezähne und die beiden Eckzähne im Unterkiefer. Die Spitzen der Eckzähne im Oberkiefer sowie die Prämolaren brechen bei der Geburt gerade durch das Zahnfleisch und werden deshalb oft bereits in der Zahnformel angeführt. Im 4. Lebensmonat kommt der erste Dauerzahn hervor, es ist der erste Molar. Im 11. bis 12. Monat kommt der zweite Molar – auch ein Dauerzahn. Mit einem vollen Jahr hat das Stück zum Milchgebiss daher bereits zwei Dauerzähne. Vom 14. Monat bis etwa zum 18. oder 19. Monat werden die Schneidezähne und die Eckzähne gewechselt. Der Wechsel der Schneidezähne erfolgt von innen nach außen.

Im Alter von 22 bis 25 Monaten – also mit etwa 2 Jahren – werden die Prämolaren gewechselt. Der dritte und letzte Molar ist wiederum dreiteilig und kann zwischen dem 20. und 27. Monat durchbrechen. Es ist also möglich, dass er bereits da ist, bevor die Prämolaren gewechselt werden, oder dass er erst durchkommt, wenn die neuen Prämolaren des Dauergebisses schon vorhanden sind. Alle Monatsangaben sind immer auch davon abhängig, ab wann ein Zahn als solcher gezählt wird. Einige Experten zählen den Zahn bereits, wenn er gerade durch den Kiefer bricht, andere wiederum erst, wenn er deutlich erkennbar ist. Häufig bleiben die Prämolaren-Milchzähne eine Zeitlang oben auf den durchbrechenden Dauerzähnen sitzen, sodass es an ein und derselben Stelle Milchzähne und Dauerzähne gibt.

Interessantes Detail am Rande: Laut Rotwildliteratur aus früherer Zeit dauerte der Durchbruch der Molaren länger als heute. Möglicherweise ist dies ein Hinweis darauf, dass die Jugendentwicklung stark von der Ernährungssituation abhängt: früher ohne und heute meist mit Winterfütterung.

Altersschätzung

Im Zahnwechsel

Was ist nun für eine erste Altersschätzung am erlegten Stück wichtig? Als Faustregel für Kälber, Schmaltiere und Spießer gilt: Bei einem Rotwildkalb bricht im September/Oktober der erste Molar durch. Ein Schmaltier oder Schmalspießer – im Juni bereits ein Jahr alt – hat zwei hintere Backenzähne. Gegen Ende der Jagdzeit, also im November/Dezember, kann bereits der dritte Molar durchbrechen.

Ein Alttier sowie ein zwei- oder mehrjähriger Hirsch haben im Hochsommer im Unterkieferast bereits drei hintere Backenzähne, und die Prämolaren sind gewechselt. Der dritte Prämolar ist nun zweiteilig.

Nach dem Zahnwechsel

Schwieriger wird die Altersschätzung dann, wenn der Zahnwechsel einmal abgeschlossen ist. Bereits im 17. Jahrhundert kritisiert der bereits erwähnte Martin Strasser von Kollnitz, fürsterzbischöflicher Jägermeister in Salzburg, die Altersbestimmung anhand der Zähne: „Es wöllen etliche, man khüne den

Hürsch an seinen Zenden als wie ain Roß erkhenen, wie alt er seie." Auf Deutsch: Der Hirsch ist kein Pferd, an dessen Zähnen man die Lebensjahre leicht ablesen kann. Seiner Ansicht nach kann zwar anhand von Merkmalen das Alter angeschätzt, nicht aber aufs Jahr genau bestimmt werden. Damals wie heute hat Martin Strasser recht damit. Auch wenn erfahrene Praktiker das Alter anhand der abgenutzten Kauflächen meist sehr gut anschätzen, bleiben immer Unschärfen, eine exakte Altersbestimmung ist auf diese Art und Weise nicht möglich.

Grandeln

Konkrete Hilfe bieten die Grandeln bei der Unterscheidung zwischen Kalb und Schmaltier gegen Ende des Jahres, etwa bei Riegeljagden. Erfahrene Jäger blicken oder greifen dazu in den Äser des erlegten Stückes: Sind im Oberkiefer lediglich die weißen Eckzahnstifte des Milchgebisses zu sehen oder zu ertasten, handelt es sich um ein Kalb. Bei einem Schmaltier hingegen brechen dort bereits die Eckzähne des Dauergebisses – also die Grandeln – durch. Auch die Zahnwurzel der herausgelösten Grandeln gibt Aufschluss: Bis zum dritten Lebensjahr ist diese noch offen, danach schließt sie sich (siehe Foto auf Seite 95 oben).

Je älter das Stück, desto mehr sind die Grandeln zusammengeschliffen und haben ein schön poliertes braunes Herzl, das im Aussehen mit Marmor vergleichbar ist. Die Grandeln junger Stücke sind überwiegend weiß, bei den Hirschen sind sie nach Beendigung des Zahnwechsels noch ziemlich groß. Mit zunehmendem Alter werden sie immer kleiner und damit kürzer.

Abrieb und Färbung sind oft stark durch die Fütterung beeinflusst. Wo etwa mit Maissilage gefüttert wird, sind die Grandeln auffallend braun, wirken aber etwas stumpf und unecht.

Altersschätzung nach 13 Zahnmerkmalen

Kurz erwähnt sei an dieser Stelle auch die Altersschätzung nach 13 verschiedenen Zahnmerkmalen. Mittels einer eigenen Berechnungstabelle werden einzelne Merkmale – wie etwa Form und Aussehen von einzelnen Schmelzschlingen oder Einbissen – in Bezug zueinander gestellt und danach das Alter geschätzt. Diese Methode wurde vom Niederösterreichischen Landesjagdverband gemeinsam mit dem Forschungsinstitut für Wildtierkunde in Wien entwickelt und dient dazu, einen erlegten Hirsch eindeutig einer der drei Altersklassen I, II oder III zuzuordnen. Für diesen Zweck eignet sich diese Methode hervorragend, für eine genaue Altersbestimmung ist sie allerdings nicht gedacht.

Zahnschliff

Jeder Zahn besteht aus dem Zahnbein oder Dentin, das vom Zahnschmelz wie ein Mantel umhüllt wird. Der Schmelz ist die härteste Substanz im Körper eines Säugetieres. Der Zahnzement ist weniger hart und überzieht die Zahnwurzeln. Die Dichte des Zahnzements verändert sich im Jahreslauf. Während des Sommers ist die Zementablagerung sehr hell, dicht und breit, im Winter oder auch bei einer sehr anstrengenden Brunft ist sie dünn und dunkler. Aus der Anzahl der Zementschichten kann auf das Alter des Stückes geschlossen werden. Obwohl die Jahresringe nicht immer eindeutig zu erkennen sind und bei den Hirschen auch die zusätzlichen „Brunftlinien" die Altersansprache erschweren, wird die Altersbestimmung nach den Zementzonen heute als die sicherste Methode eingestuft.

Um die Zementzonen zu erkennen, werden vom Zahn mit einer diamantbeschichteten Schleifscheibe feine Plättchen in einer Stärke von 0,5 bis 1 Millimeter heruntergeschnitten. Dafür können verschiedene Zähne verwendet werden. Es wird entweder durch die Zahnwurzel des ersten Schneidezahns quer geschnitten oder der dritte Prämolar der Länge nach durchgeschnitten. Am häufigsten wird der erste Molar verwendet. Wenn man ihn in der Mitte der Länge nach durchtrennt, erkennt man zwischen den Zahnwurzeln meist sehr gut die Zementablagerungen. Schneidet man nun dünne Plättchen herunter und schleift sie glatt, so sind durch die Lichtbrechung die hellen und dunklen Zonen zu erkennen. Mit einem 10- bis 15-fachen Mikroskop können die durchscheinenden Zementschichten ähnlich den Jahresringen eines Baumes gezählt werden. Da der erste Molar bereits mit etwa 4 Monaten durchbricht, muss zur Anzahl der Jahresringe kein Jahr dazugezählt werden. Bei anderen Zähnen ist darauf zu achten, in welchem Alter sie gewechselt werden, um entsprechende Zugaben zu machen.

Etwa bei 80 Prozent der Hirsche kann das Alter mit dem Zementzonenverfahren genau bestimmt werden. Vor allem alte Hirsche und solche mit Verletzungen zeigen aber meist verwaschene Strukturen, sodass keine exakte Abgrenzung der Zonen erkennbar ist. In der Praxis stimmt die herkömmliche Altersbestimmung anhand der Zahnabnutzung zu rund 70 Prozent mit den Ergebnissen der Zahnschliffe überein. Bei etwa 20 Prozent der Unterkiefer ergeben die Schliffe ein geringeres Alter als die gebräuchliche Altersanschätzung, und nur in sehr seltenen Fällen wird über die Zementzonen ein höheres Alter festgestellt.

Ersatzdentin

Die Ersatzdentin-Methode wird in der Fachliteratur immer wieder angeführt, ist aber wenig zweckmäßig und hat Fehlerbereiche von bis zu zwei Jahren. Sie ist nicht genauer als die herkömmliche Bestimmung nach der Zahnabnutzung. Der Vollständigkeit halber sei die Methode dennoch kurz beschrieben.

Der Zahnschmelz der Schneidezähne wird mit zunehmendem Alter abgenutzt. In den Zahnhöhlen lagert sich Ersatzdentin ab. Dies verhindert, dass die Zahnhöhle im höheren Alter offen wird. Die Schneidezähne verlieren im Alter ihre Schmelzschicht, gleichzeitig stehen sie immer steiler, damit auch bei stärkerer Abnutzung noch ein scharfer Biss möglich ist. Die Ersatzdentin-Schichten werden in der Zahnhöhle ähnlich wie der Zahnzement in dunklen und hellen Schichten abgelagert. Wird der Zahn der Länge nach durchgeschnitten, erkennt man also wieder die Jahresringe. Die Methode ist allerdings wenig genau. Bei vielen Schliffen zeigt sich, dass die Zonen nur undeutlich erkennbar sind. Die Ersatzdentin-Ablagerung beginnt erst im 3. Lebensjahr, es sind also zwei Jahre zu den gezählten Schichten dazuzurechnen. Dazu kommt, dass sich mit zunehmendem Alter – bereits mit 5 bis 6 Jahren – die Dentinschichten wieder abnutzen. Mit etwa 10 Jahren können aufgrund des Zahnkronenabschliffs Ersatzdentin-Schichten bereits wieder völlig abgekaut sein.

Zahnhöhe und Rosenstockdurchmesser

Umfangreiche Untersuchungen anhand von rund 400 Rothirschgeweihen ergaben, dass von der Höhe des ersten und zweiten Molars und dem Durchmesser der Rosenstöcke auf das Alter geschlossen werden kann. Man misst die Höhe des ersten und zweiten Molars und nimmt das Mittel aus beiden Messungen. Danach misst man den Durchmesser beider Rosenstöcke und mittelt auch diese beiden Werte. In einem Nomogramm – einer Art Netztafel – sucht man nun den Schnittpunkt, der sich ergibt, wenn man beide Maße einträgt. Das Alter wird danach auf der linken Seite des Nomogramms abgelesen.

Auch dieses Verfahren stellt nur eine Schätzhilfe dar. Die Methode ergibt in 80 Prozent der Fälle das Alter mit einer Genauigkeit von +/- 1 Jahr. Zum Vergleich: Mit herkömmlichen Schätzungen kann das Alter in 70 Prozent der Fälle genau bestimmt werden. Zudem kommt, dass die Rosenstockdurchmesser bei Hirschen durch deren unterschiedliche Veranlagung sehr stark schwanken.

Vor dem erlegten Wildtier

Jeder Jäger hat eigene Vorlieben und Rituale, wenn er vor dem erlegten Stück steht. Eines werden aber Rotwildjäger sicherlich nicht tun: Gleich zum Messer greifen und den Äser seitlich aufschärfen. Im Revier selbst wird man zunächst wohl nur in den Äser greifen und anhand des Abschliffes eine erste vorsichtige Alterschätzung wagen. Ist der Hirsch aber aufgebrochen und geliefert, hängt er bereits in der Wildbretkammer und hat man das abgetrennte Haupt in Händen, dann wird man dem Stück wohl schon eingehender auf den Zahn fühlen wollen. Noch ehe der Schädelknochen samt Kiefer ausgekocht ist, bieten sich für eine solche erste Alterschätzung zwei Zähne besonders an: der letzte Prämolar (P 3) und der erste Molar (M 1) im Unterkiefer (siehe Fotos auf Seite 94). Nicht unwesentliches Detail: Wissenschaftler nennen den letzten Prämolar „P 4“, sie zählen den ersten Prämolar mit, der erst im Laufe der Entwicklungsgeschichte des Rotwildes verschwunden ist.

Mit zweieinhalb Jahren ist das Gebiss fertig, alle Zähne sind da. Der Zahnschmelz ist noch nicht angeschliffen, die Schmelztaschen sind tief, die Zahnkronen hoch. Im 3. Jahr ist der letzte Molar noch nicht angeschliffen, die Kunden des P 3 sind voll offen und kaum eingebissen, beim M 1 bekommen die Kunden einen ersten Schliff.

Im 4. bis 5. Jahr ist die Kunde beim P3 schon ein wenig heruntergebissen, und die Kunden beim ersten Molar sind nicht mehr offen, sondern geschlossen. Sie sind zu sichelförmigen Schlitzen verengt. Mit vier Jahren sind auch die scharfen Ränder der Schneidezähne durchgebissen, sodass das Dentin wie ein dünner Faden hervortritt.

Mit etwa 7 Jahren schließt die Kunde beim P3. Die Schmelzschlingen sind zu diesem Zeitpunkt soweit heruntergeschliffen, dass sie in dem Bereich, der an den M1 anschließt, ein kleines Auge bilden. Das Kaurand-Dentin des M1 tritt breit zum Vorschein.

Mit 9 bis 10 Jahren verschwindet dieses Äuglein am P3. Die Kunden am M1 bilden höchstens noch kleine Äuglein oder Schlitze. In diesem Alter ist der hinterste Teil des M3 so stark eingebissen, dass dort nur mehr ein kleines rundes Auge zu sehen ist.

Mit rund 11 bis 12 Jahren verschwindet auch diese Kunde. Das ist der dritte letzte kleine Höcker oder Anhang des M3. Er ist aber unterschiedlich stark ausgeprägt, und auch der Einbiss ist von einem Stück zum anderen oft verschieden stark.

Mit 12 bis 13 Jahren verschwinden schließlich die Kunden beim P3 und M1 völlig.

Zum Abschluss auch hier: Verbindlich sind selbst eindeutige Zahnmerkmale nie. Aber sie bestätigen meist das Gesamtbild, das man sich als Jäger ohnehin aus der Summe aller sonstigen Merkmale, Beobachtungen und Erfahrungen gemacht hat.

BUCH-TIPP

Rotwild in den Bergen – Das Standardwerk zum Rotwild. Von Hubert Zeiler. 384 Seiten. € 65.-

Bestellungen: Österreichischer Jagd- und Fischerei-Verlag, Wien
Tel. +43/1/405 16 36, Fax +43/1/405 16 36/59
E-mail: verlag@jagd.at, Internet: www.jagd.at

Bildteil

Auf der Jagd leben wir von Bildern. Genau aus diesem Grund folgt nun ein umfassender Fototeil, der vor Augen führt, welche Merkmale für das Ansprechen von Bedeutung sind und auf das Alter eines Stückes Rotwild schließen lassen.

Tier-Silhouette.

Ein Schattenriss genügt, um den Wildkörper des Rottieres zu erkennen.

Hirsch gegen Horizont.

Auch ohne Geweih: Hier springt eindeutig ein Hirsch ab.

Kahlwildrudel im September.

Der Haarwechsel hängt auch von Alter und Verfassung ab. Kälber und Schmaltier sind hier schon grau, die beiden Alttiere am Rand noch rot.

Schmaltier.

Auch noch mit fast zwei Jahren ist dieses Schmaltier mit seinem kurzen Haupt und seinem wohlproportionierten Wildkörper gut anzusprechen.

Vergleich macht sicher.

Alter und Wildbretstärke lassen sich am besten im Rudel vergleichen. Links die schon fast einjährigen Kälber, rechts die Tiere.

Alttier im Mai.

Das lange Haupt verrät die Lebensjahre, das ausfallende Winterhaar den Frühling. Das Tier hat den Winter gut überstanden und ist beschlagen.

Trockenes Haupt.

Wenn die Lichter und Knochenbögen einmal so stark hervortreten, hat man mit Sicherheit ein altes Tier vor sich.

Lange Gesichter.

Das Haupt des Kalbes ist noch kurz und im Verhältnis zum Träger wohlproportioniert. Das Alttier in der Mitte dürfte hier das älteste Stück sein.

Altweibersommer.

Neben dem langen trockenen Haupt sprechen auch der eckige Wildkörper mit den heraustretenden Knochen für ein hohes Alter.

Schmalspießer.

Nur kleine Baststümpfe – kein Zweifel: Hier zieht ein Spießer seiner Wege.

Anblick im April.

Auch ein Spießer, aber dennoch schon fast zwei Jahre alt: Dieser Hirsch ist kurz vor dem Abwerfen und trägt noch sein Erstlingsgeweih.

Junger Hirsch, 2-3 Jahre alt.

Abgesehen von seinem jugendlich-unbeschwerten Auftritt sprechen hier mehrere Körpermerkmale eine deutliche Sprache – selbst wenn dieser Hirsch, wie es meistens im Revier der Fall ist, nicht brettlbreit, zudem bergab steht und teils verdeckt ist.

1. spitzes, noch kindliches Haupt, hier selbst bergab hoch getragen
2. hohe Rosenstöcke, obwohl teils verdeckt klar erkennbar
3. kein Ansatz von Doppelkinn (Goder)
4. hochläufig, Rumpf ist weit vom Boden weg
5. schlanker Körper, Masse ist gleichmäßig verteilt
6. Rumpf läuft hinten spitz zu (Dreiecksform)
7. kurzes unreifes Geweih, wenn auch schon vielendig

Mittelalter Hirsch, 6-7 Jahre alt.

Dieser Hirsch ist zwar bereits ausgewachsen und tritt dementsprechend selbstbewusst auf. Auf den wirklich reifen Hirsch fehlen ihm aber noch ein paar Jahre. Ein gutes Beipiel dafür, dass man den Blick nicht vorrangig auf das durchaus schon beeindruckende Geweih richten darf.

1. Haupt wirkt bereits gröber, aber immer noch recht spitz
2. Rosenstöcke setzen schon deutlich tiefer an
3. noch kein Ansatz von Doppelkinn (Goder)
4. Widerrist noch kaum erkennbar, lediglich kleiner Ansatz
5. immer noch recht hochläufig
6. stärkerer Träger, der Übergang zum Rumpf ist fließender
7. muskulöser straffer Wildkörper, der Schwerpunkt geht nach vorn

Reifer Hirsch, älter als 10 Jahre.

Da passt alles zusammen: selbstbewusster Auftritt, alle Körpermerkmale des Alters sowie ein starkes Geweih. So schwer es manchmal ist, mittelalte Hirsche richtig einzuschätzen, wird es einfach, wenn der Hirsch einmal wirklich alt ist.

1. deutlich ausgeprägtes Doppelkinn (Goder)
2. kurze Rosenstöcke, die dicht am Haupt aufsitzen
3. kurzes bulliges Haupt, grimmiger Gesichtsausdruck
4. kurzer massiger Träger, ziemlich waagrecht getragen
5. deutlich ausgeprägter Widerrist
6. Senkrücken
7. gerader Abfall bei den Keulen, Hinterteil quadratisch (Schachtel)
8. tief angesetzter Träger, Körpermasse vorn

Kälberflecken.

Bereits im Hochsommer wird die Jugendfleckung verwaschen, mit dem Winterhaar verschwindet sie völlig.

„Altersflecken".

Auch bei reifen Hirschen findet man manchmal helle Flecken entlang der Rückenlinie.

Alter Basthirsch.

Das trockene Haupt mit dem zurückgesetzten Geweih und seitlich abgerutschten Rosenstöcken spricht Bände: Hier ist ein alter Herr unterwegs.

Dick wie eine Zigarre.

Dieser Feisthirsch hat genügend Reserven für die anstrengende Brunft. Er wirkt geradezu walzenförmig.

Alter Gabler verhoffend …

Das Geweih sagt hier gar nichts. Das stumpfe Haupt und das deutliche Doppelkinn lassen sofort den alten Hirsch erkennen.

… und in Bewegung.

Von der Seite ist das reizvolle Geweih gut anzusprechen. Es ist durchaus möglich, dass dieser Hirsch nie wesentlich stärker aufhatte.

Junger Gabler.

Dieser Hirsch hat zwar ein ähnliches Geweih, aber nur zwei Lebensjahre auf dem Buckel. Gut zu erkennen: die noch hohen Rosenstöcke.

Junger Brunfthirsch.

Hier ist ein Jüngling auf der Durchreise: mit spitzem Haupt, ohne Doppelkinn und mit noch hohen Rosenstöcken.

Abgebrunfteter Hirsch.

Diesem reifen Hirsch sind die Strapazen der Brunft anzusehen. Er hat viel Körpermasse verloren, der Körper verjüngt sich keilförmig nach hinten.

Alter Hirsch mit „Kern".

Zwischen den Vorderläufen ist das Brustbein deutlich zu erkennen. Erfahrene Jäger sprechen davon, dass der Hirsch „einen Kern bekommt".

Körpermitte über Vorderläufen.

Beim ausgewachsenen Hirsch verlagert sich der Schwerpunkt durch den Muskelaufbau nach vorn.

Zwischen Abwerfen und Schieben.

Während alte Hirsche oftmals bereits im Februar abwerfen und zu schieben beginnen, warten jüngere Hirsche damit gern bis in den Frühling.

Konvexes Petschaft.

Ein nach außen gewölbtes – konvexes – Petschaft muss kein Zeichen für einen jungen Hirsch sein. Entscheidend ist vielmehr der Hormonspiegel.

Petschaft als Fingerabdruck.

Der Umriss – von kreisförmig bis oval – sowie markante Einbuchtungen des Petschaftes bleiben oftmals ein ganzes Hirschleben lang erhalten.

Vollständige Reihe.

Aus einer solchen Sammlung ist viel zu lesen: Wann kam der große Schub? Wann setzte der Hirsch zurück?

Wiedererkennung.

Der obere Teil eines Geweihes ändert sich manchmal stark, aber an Aug-, Eis- und Mittelspross kann man Hirsche oft über Jahre wiedererkennen.

Geweihwachstum.

Die folgenden Bilder eines gefütterten, aber in freier Wildbahn lebenden Hirsches sind jeweils im Abstand von 10 Tagen aufgenommen worden.

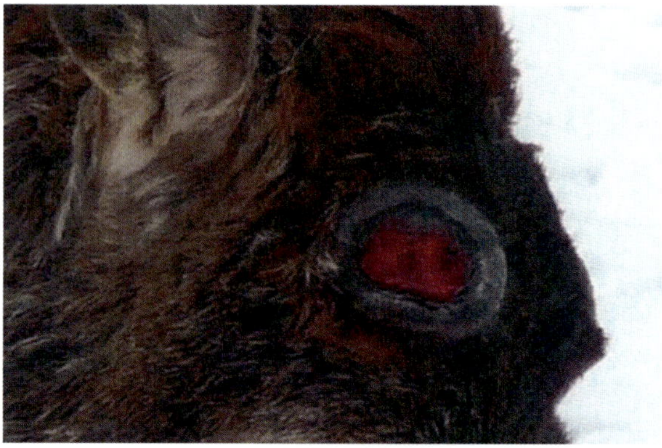

Frisch abgeworfen.

Das Wachstum hat begonnen.

Frühe Kolben.

Die ersten Enden.

Aug- und Eisspross sind bereits gut erkennbar.

Der Mittelspross wächst.

Die Stangenlänge
nimmt zu.

Schon fast
ein Geweih ...

... und 45 Tage
später so gut wie
fertig geschoben.

Geschafft! – Der Geweihaufbau hat dem 11-jährigen Hirsch ungeheuer viel Energie gekostet. Nach dem Verfegen heißt es nun, wieder Kraft zu tanken.

Vom 1. bis zum 12. Kopf.

Die folgenden Bilder stammen von einem gefütterten, aber in freier Wildbahn lebenden Hirsch und zeichnen die Geweihentwicklung über 12 Hirschjahre nach.

1. Kopf

In seinem 2. Lebensjahr trägt der Hirsch ungleiche Spieße. Er hat noch keine Rosen, allerdings bereits Wülste am Rosenstockübergang.

2. Kopf

Wie viele Hirsche in diesem Alter trägt der Hirsch ein Sechsergeweih – allerdings mit brandigen Enden.

3. Kopf

Schon ein Kronenhirsch – die Endenzahl ist ab diesem Alter nur noch wenig vorhersehbar.

4. Kopf

Die weitere Geweihentwicklung ist ab nun stark von der Veranlagung und dem Lebensraum abhängig.

5. Kopf

Ein Hirsch wird erwachsen – nicht nur das Geweih wächst, sondern auch der Wildkörper und das Verhalten ändern sich.

6. Kopf

Steht der Hirsch körperlich im Vollsaft, ist ein ordentlicher Geweihschub möglich. Auffällig ist nun der gespaltene Lauscher.

7. Kopf

Jetzt ist der Hirsch endgültig ausgewachsen und in der Brunft mitunter schon Platzhirsch.

8. Kopf

Der Hirsch steht in diesem Alter kurz vor seinem körperlichen Höhepunkt.

9. Kopf

Das starke Geweih kann dazu verleiten, den Hirsch als noch älter anzusprechen, als er tatsächlich ist.

10. Kopf

Endenzahl, Stangenlänge oder Geweihgewicht – wo der Hirsch jetzt noch zulegt, ist sehr individuell.

11. Kopf

Hier steht ein vollreifer, erfahrener Hirsch vor dem Jäger.

12. Kopf

Ist die kräfteraubende Zeit als Platzhirsch einmal vorbei, kann der Hirsch noch einmal viel Energie in das Geweihwachstum stecken.

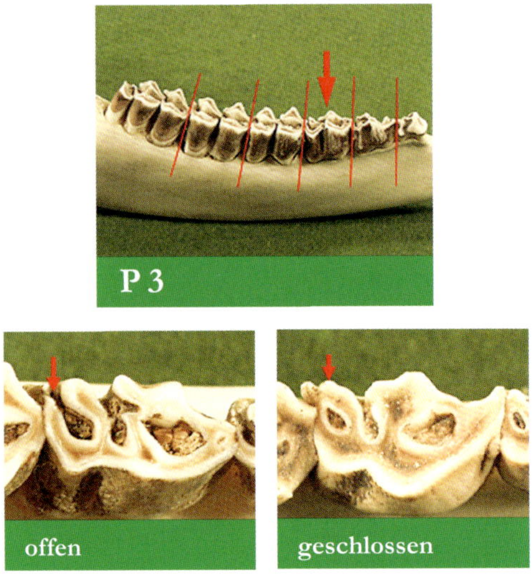

Der letzte Vorbackenzahn (P 3).

Für eine erste Altersschätzung: Je mehr die Schmelzschlingen an diesem Prämolar abgeschliffen sind, desto älter ist das Stück.

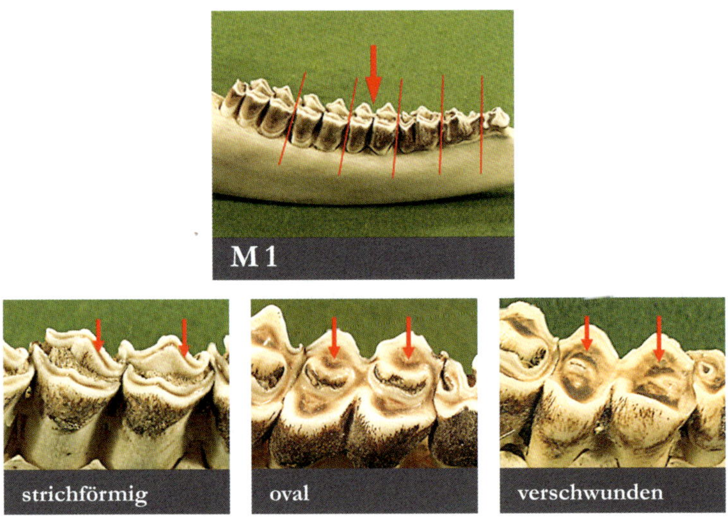

Der erste Backenzahn (M 1).

Anhand der Form des Kaurand-Dentins kann das Alter rasch und gut angeschätzt werden.

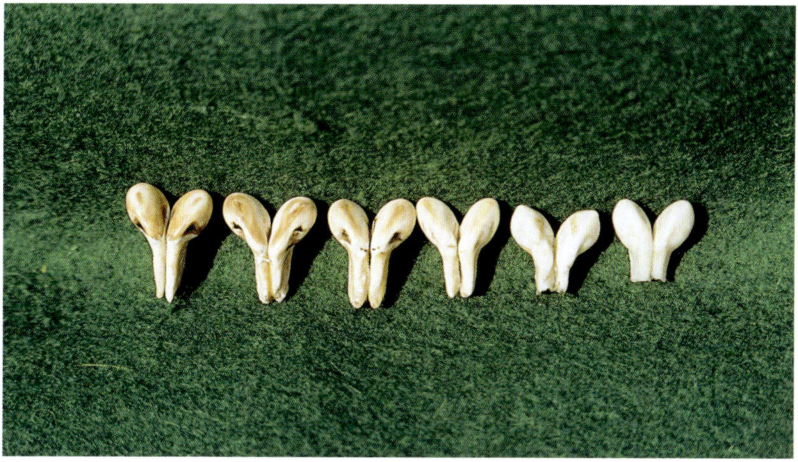

Grandel-Reihe.

Von rechts nach links: Bei jungen Stücken sind die Grandeln noch weiß, mit den Jahren werden sie zusammengeschliffen und bekommen ein poliertes braunes Herzl. Die Zahnwurzel der beiden rechten Grandeln ist noch offen – sie stammen also von Stücken, die jünger als drei Jahre waren.

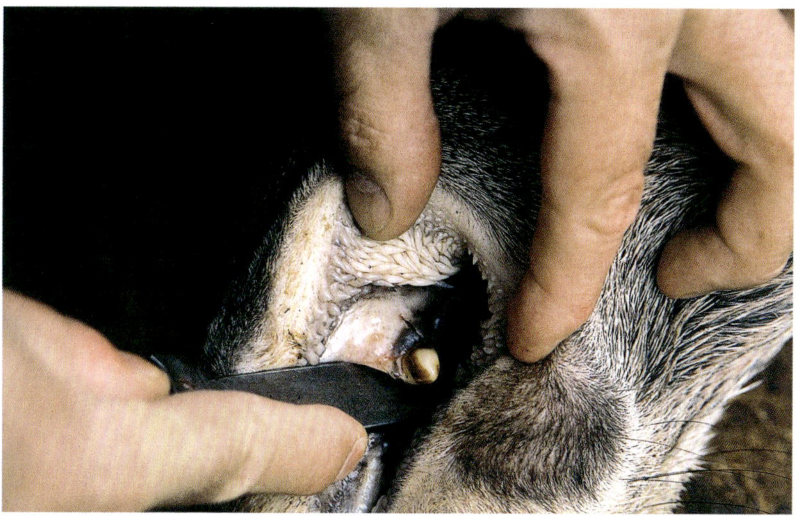

Grandel lösen.

Die verkümmerten Eckzähne aus dem Oberkiefer geben nicht nur Hinweise auf das Alter, sie sind auch als Schmuck- und Erinnerungsstücke begehrt.

Fibelhafte Jagdbegleiter

Rehwild-Ansprechfibel

Von Paul Herberstein und Hubert Zeiler.
96 Seiten, reich illustriert. € 23.-

Reifer Bock oder Jüngling? Schmale oder Altgeiß? Bockkitz oder Geißkitz? – Eine griffige Ansprechfibel, die beim Rehwild keine Frage offen lässt.

Schwarzwild-Ansprechfibel

Von Siegfried Erker und Paul Herberstein.
80 Seiten, reich illustriert. € 23.-

Vom gestreiften Frischling bis zur groben Sau. Von der klirrenden Mondnacht bis zum taunassen Sommermorgen. – Diese Ansprechfibel ist eine echte Waffe in Buchform. Für jeden Saujäger.

Birschfibel

Von Paul Herberstein. 80 Seiten, reich illustriert. € 19.-

Den Bergschuh am Fuß, den Wind im Gesicht und das Wild im Anblick – ein Buch über die großen und kleinen Geheimnisse des Birschens. Für alle, die gern zu Fuß im Revier unterwegs sind. Oder auf den Geschmack kommen wollen.

Österreichischer Jagd- und Fischerei-Verlag
1080 Wien, Wickenburggasse 3
Tel. +43/1/405 16 36 Fax +43/1/405 16 36/59
E-mail: verlag@jagd.at Internet: www.jagd.at